Vilas Parmar

Práticas de Biologia Molecular

Vilas Parmar

Práticas de Biologia Molecular

ScienciaScripts

Imprint

Any brand names and product names mentioned in this book are subject to trademark, brand or patent protection and are trademarks or registered trademarks of their respective holders. The use of brand names, product names, common names, trade names, product descriptions etc. even without a particular marking in this work is in no way to be construed to mean that such names may be regarded as unrestricted in respect of trademark and brand protection legislation and could thus be used by anyone.

Cover image: www.ingimage.com

This book is a translation from the original published under ISBN 978-613-9-91950-5.

Publisher:
Sciencia Scripts
is a trademark of
Dodo Books Indian Ocean Ltd. and OmniScriptum S.R.L publishing group

120 High Road, East Finchley, London, N2 9ED, United Kingdom
Str. Armeneasca 28/1, office 1, Chisinau MD-2012, Republic of Moldova, Europe
Printed at: see last page
ISBN: 978-620-5-68146-6

ÍNDICE

1. Estudar os modelos/gráficos de ADN e ARN e os seus tipos

[A] Estrutura do ADN

O ADN é composto por três tipos diferentes de moléculas.

1)   Ácido fosfórico (H3PO4): tem três grupos reactivos (-OH) dos quais dois estão envolvidos na formação da espinha dorsal de ADN de fosfato de açúcar.

2)   Açúcar pentose: O ADN contém 2'-deoxi-D-ribose (ou simplesmente deoxirribose), que é a razão do nome ácido nucleico deoxirribose.

3)   Bases orgânicas: as bases orgânicas são compostos heterocíclicos que contêm azoto nos seus anéis; por conseguinte, são também chamadas bases azotadas.

O ADN contém quatro bases diferentes chamadas adenina (A), guanina (G), timina (T) e citosina (C). Estas quatro bases estão agrupadas em duas classes com base na sua estrutura química: (1) pirimidina (T e C) e (2) purina (A,G).

Watson e Crick descreveram pela primeira vez a estrutura da dupla hélice de ADN em 1933 utilizando a técnica de difracção de raios X.

Os principais pontos propostos por eles são:

1)   O ADN é composto por duas cadeias de polinucleótidos helicoidais que se enrolam em torno de um eixo comum e correm em direcções opostas.

2)   A cadeia consiste em resíduos de desoxirribose unidos por pontes de fosfodiester de 3', 5', com as bases de azoto que provêem perpendicularmente da cadeia para o eixo central.

3)   As duas vertentes de tais moléculas de duplo fio são mantidas juntas por ligações de hidrogénio entre as bases purina e pirimidina. O emparelhamento entre os nucleótidos purina e pirimidina nos filamentos opostos é muito específico e depende da ligação de adenina com timina (A-T) e guanina com citosina (G-C).

4)   Três ligações de hidrogénio seguram a guanosina à citosina (G-C), enquanto que, o outro par, adenina-timina é segurado por duas ligações de hidrogénio (A=T).

5)   As cadeias não são idênticas, mas são complementares em termos de baixo consumo, ou seja, A a T e G a C também, as cadeias não correm na mesma direcção em relação às suas ligações internucleotídicas, mas são bastante antiparalelas.

6) O diâmetro médio da dupla hélice é de 2,00 nm e uma volta completa da dupla hélice tem um passo de 3,4 nm. Existem 10 pares de bases dentro de uma única volta.

7) A dupla hélice revela duas ranhuras - uma maior profunda e uma menor ou rasa ao longo da molécula paralela às espinhas dorsais do fosfodiéster. Nestas ranhuras, proteínas específicas interagem com moléculas de ADN.

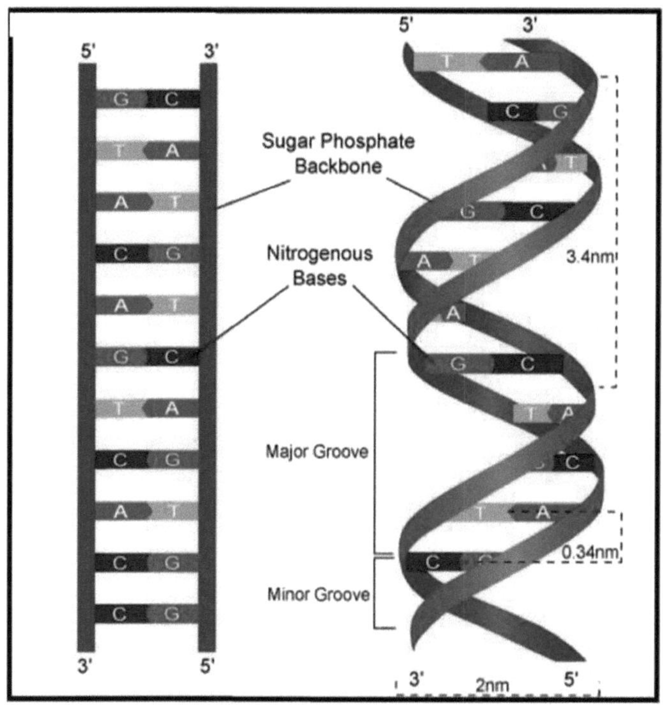

Fig. 1: Structure of DNA

Ref. Web- 1

[B] Diferentes formas de ADN

O modelo original de ADN Watson-Crick chama-se agora a forma B. Nesta forma, as duas vertentes de ADN formam uma hélice de direita. Se visto de ambas as extremidades, ele gira no sentido dos ponteiros do relógio. O B-DNA é a forma predominante na qual o ADN é encontrado. O nosso genoma, contudo, também contém várias variações da dupla hélice da forma B. Uma delas, o Z-DNA, assim chamado porque a sua espinha dorsal tem uma forma em zig-zag, forma uma hélice canhota e ocorre quando a sequência de ADN é feita de

3

purinas e pirimidinas alternadas. Assim, a estrutura adoptada pelo ADN é uma função da sua sequência de base.

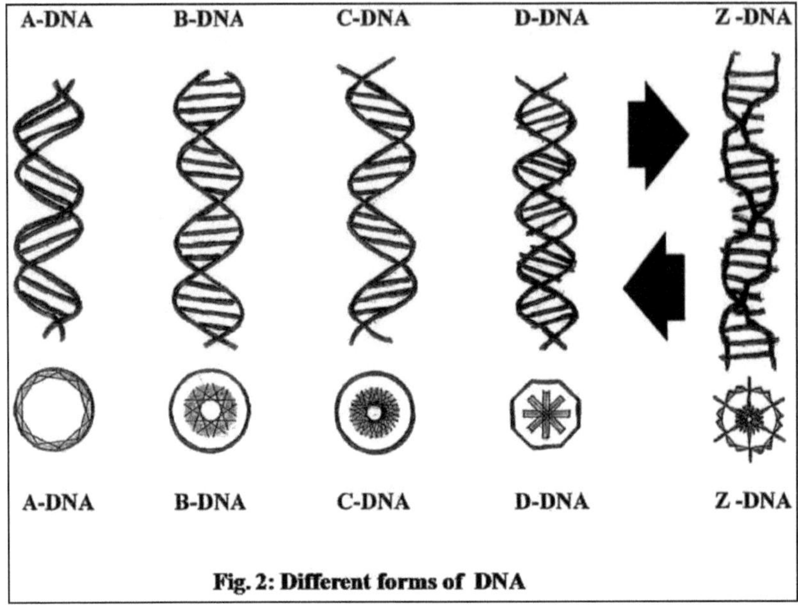

Fig. 2: Different forms of DNA

Ref. Web 2

Z-DNA:

A hélice Z-DNA foi descoberta por Alexander Rich e os seus associados.

Ao contrário da hélice B-DNA e da hélice A-DNA, o Z-DNA é canhoto e encontra-se principalmente em sequência alternada de purina-pirimidina (CG)n e (TG)n.

Z-DNA é mais fino (18 Å) em comparação com B-DNA (20 Å), as bases são deslocadas para a periferia da hélice, e existe apenas uma ranhura profunda e estreita equivalente à ranhura menor em B-DNA. As formações de ligação açucareira e glicosídica alternam; C2' endo em anti dC ou dT e C3' endo é sygn dG ou dA.

As interacções electrostáticas desempenham um papel crucial na formação do Z-DNA. Portanto, o Z-DNA é estabilizado por altas concentrações de catiões polivalentes que protegem melhor a repulsão dos interfosfatos do que os catiões monovalentes.

Quadro 1: Análise comparativa de diferentes formas de ADN

Sr. Não.	Atributo geométrico	Formulário A	Formulário B	Formulário Z
1	Helix	De direita	De direita	Canhoto
2	Unidade de repetição	1 pb	1 pb	2 pb
3	Rotação/bp	32.7°	35.9°	60°/2
4	bp/volta	11	10.5	12
5	Inclinação do eixo bp	+19°	-1.2 °	-9 °
6	Subir/bp Ao longo do eixo	2.3 Å [0,23 nm]	3,32 Å [0,332 nm]	3,8 Å [0,38 nm]
7	Passo/volta da hélice	28,2 Å [2,82 nm]	33,2 Å [3,32 nm]	45,6Å [4,56 nm]
8	Torção média da hélice	+18°	+16°	0°
9	Ângulo glicosil	anti	anti	C:anti; G:syn
10				
11	Pucker de açúcar	C-3'endo	C-2'endo	C: C-2' endo G: C-2' exo
12	Diâmetro	23 Å [2,3 nm]	20 Å [2,0 nm]	18 Å [1,8 nm]
13	Ranhura menor	Raso	Estreito e profundo	Estreito e profundo
14	Ranhura principal	Estreito e profundo	largo e profundo	Apartamento

[C] Estrutura do RNA

O RNA é um polinucleotídeo que produz ligações fosfodiésteres entre ribonucleiotidos da mesma forma que no caso do ADN. Os nucleótidos de RNA têm açúcar ribose (em vez de deoxirribos no ADN) que participa na formação da espinha dorsal do RNA, o fosfato de açúcar. A timina está normalmente ausente no RNA, e o urasil é encontrado no seu lugar. Normalmente, o ARN é de cordão simples, mas também se encontra ARN de cordão duplo. Na maioria dos organismos, o RNA desempenha funções não genéticas, por exemplo, RNA mensageiro ou RNA nuclear (m RNA), RNA ribossomal (r RNA), RNA de transferência (t RNA) e RNA cromossomal, mas em alguns vírus serve como material genético.

5

<u>**Tipos de RNA:**</u>

(1) **RNA Messenger**: Os intermediários que transportam informação genética do ADN para os ribossomas onde as proteínas são sintetizadas.

O RNA Messenger é sempre um único encalhado. Uma vez que m RNA é transcrito no ADN, a sua sequência base é complementar à do segmento de ADN sobre o qual é transcrito. Cada gene transcreve o seu próprio m RNA. Quando um gene codifica um único mRNA, diz-se que o mRNA é monocistrónico. Quando vários cistrões adjacentes podem transcrever uma molécula de mRNA, diz-se que é policistrónico ou poligénico.

(2) **RNAs riossomal:** componentes estruturais e catalíticos dos ribossomas, as intrincadas máquinas que traduzem sequências nucleotídicas dos mRNAs em sequências de aminoácidos de polipéptidos.

(3) **Transferir RNA**: Pequenas moléculas de RNA que funcionam como adaptadores entre os aminoácidos e o códon em mRNA durante a tradução.

(4) **Pequenos RNAs nucleares:** componentes estruturais de emendas, as estruturas nucleares que excretam intrusões de genes nucleares.

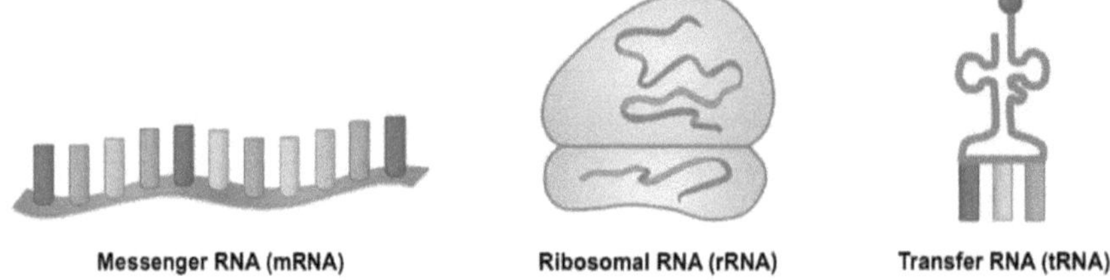

Fig. 3: Different types of RNA

Ref- 3 Web

2. Para estudar os gráficos de replicação de ADN

Definição:

o A replicação de ADN é o processo biológico de produzir duas réplicas idênticas de ADN a partir de uma molécula de ADN original.

❖ Tipos de replicação de ADN:

Há três tipos de modelos possíveis propostos para a replicação de ADN:

1)   O modelo **conservador** proposto para ambas as vertentes de uma cópia seria inteiramente de ADN antigo, enquanto a outra cópia teria ambas as vertentes de ADN novo.

2)   O modelo **dispersivo** era que o dsDNA poderia fragmentar, replicar o dsDNA, e depois voltar a montar, criando um mosaico de antigas e novas regiões de dsDNA em cada novo cromossoma.

3)   O modelo **semiconservador** é que os fios de ADN se separam, e um fio complementar é sintetizado para cada um, de modo a que os cromatídeos irmãos tenham um fio antigo e um novo. Este modelo foi o vencedor na experiência Meselson e Stahl.

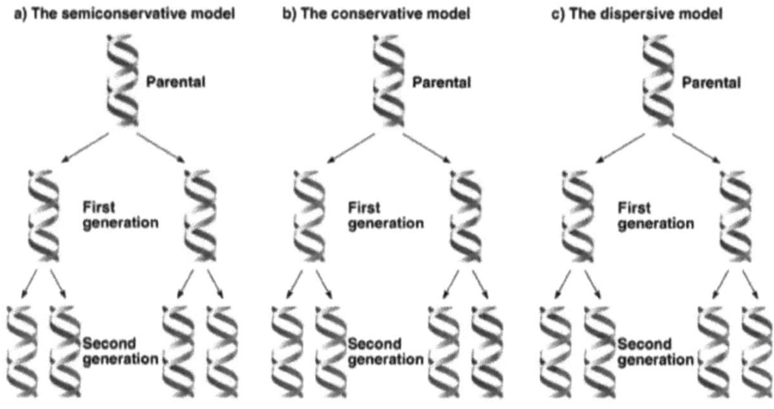

Fig. 4: Different modes of DNA replication

Ref. Web - 4

***l- Mecanismo de replicação de ADN em procariotas:**

a)   A Helicase reconhece e liga-se à origem da replicação e catalisa a separação dos dois fios de ADN, quebrando a ligação do hnydrogen entre os pares de bases. É acoplada à clivagem de ATP e gyrase, uma topoisomerase, ajuda a desenrolar os fios de ADN, induzindo o super-enrolamento. Estes processos combinados resultam na formação de um garfo de replicação.

b)   Os fios individuais de ADN expostos devem ser estabilizados e protegidos da clivagem hidrolítica das ligações fosfodiéster. As proteínas de ligação de ADN de cadeia única (proteínas ssb) desempenham esta função de protecção. Os novos fios de polinucleótidos separados são utilizados como modelos para a síntese de fios complementares.

c)   A DNA polimerase III requer um primer com uma extremidade gratuita 3'-OH. Uma vez que isto não está presente na bifurcação de replicação. Assim, a primase sintetiza uma pequena extensão de RNA (10 nucleótidos) complementar ao modelo de ADN. Após a adição dos poucos ribonucleótidos, a síntese de ADN catalisada pela DNA polimerase III pode proceder a partir do 3'-OH. No cordão 3'^5', a acção da primase requereu apenas uma vez. No cordão de 5'^3' cada fragmento de okazoki deve ser iniciado pela acção da primase.

d)   A nova síntese de ADN começa pela DNA polimerase III. O fio condutor prossegue na direcção da forquilha de replicação avançada. A síntese do cordão retardado continua na direcção oposta e encontra o fragmento anteriormente sintetizado.

e)   No final da replicação, os iniciadores de RNA são removidos pela acção nuclease de 5'^3' da DNA polimerase I e RNase H. Restam pequenas lacunas que são preenchidas pela acção sintetizadora da DNA polimerase I.

f)   A ligação final do fosfóester para fechar completamente a última lacuna deve ser formada por ligase de ADN. Esta enzima catalisa a formação de uma ligação fosfodiéster dependente de ATP entre um -OH livre no final de 3'de um fragmento com um grupo fosfato no final de 5'do outro. O fim do processo de replicação ocorre quando os dois garfos de replicação se encontram no cromossoma circular.

❖ Replicação do círculo de rolamento

A replicação de círculo rolante descreve um processo de replicação de ácido nucleico unidireccional que pode rapidamente sintetizar múltiplas cópias de moléculas circulares de ADN ou RNA tais como plasmídeos, o genoma de bacteriófagos, e o genoma circular de

RNA de viroides. Alguns vírus eucarióticos também reproduzem o seu ADN através de um mecanismo de círculo rolante.

A replicação do ADN em círculo rolante é iniciada por uma proteína iniciadora codificada pelo ADN plasmídeo ou bacteriófago, que corta um fio da molécula de ADN circular de dupla corda num local chamado de origem de dupla corda, ou DSO.

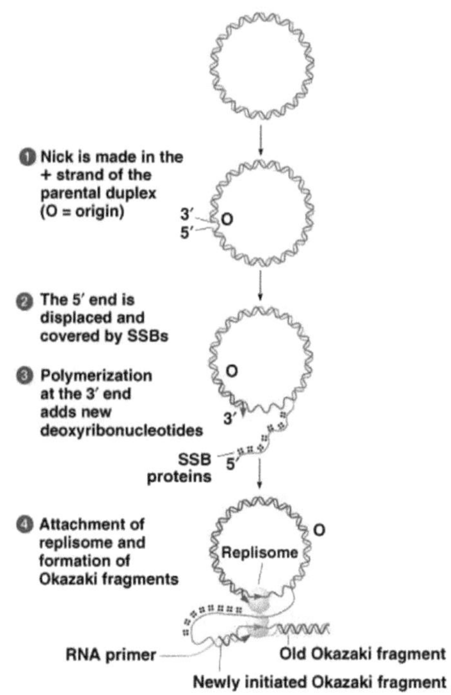

Fig. 5:The replication process of double-stranded circular DNA molecules through the rolling circle mechanism

Ref. Web - 5

A proteína iniciadora permanece ligada à extremidade de fosfato de 5' do cordão cortado e a extremidade livre de 3' de hidroxilo é libertada para servir como primário para a síntese do ADN pela DNA polimerase. Utilizando o cordão não picado como modelo, a replicação prossegue em torno das moléculas circulares de ADN, deslocando o cordão picado como ADN de cordão único. O deslocamento do cordão não picado é efectuado por um helicóptero hospedeiro codificado chamado PcrA (cópia plasmídica reduzida) na presença da proteína de iniciação da replicação plasmídica.

9

A síntese contínua de ADN pode produzir múltiplas cópias lineares de uma única cadeia do ADN original numa série contínua cabeça a cabeça chamada "concatemer". Estas cópias lineares podem ser encobertas a moléculas circulares de cordão duplo através do seguinte processo:

Primeiro, a proteína iniciadora faz outro nick para terminar a síntese da primeira (principal) vertente. RNA polimerase e DNA polimerase III replicam então o DNA de origem única (SSO) para fazer outro círculo de duas cordas. O DNA polymerasel remove o primário, substituindo-o por ADN e a ligase de ADN junta as extremidades para fazer outra molécula de DNA circular de dupla corda.

Garfo de réplica:

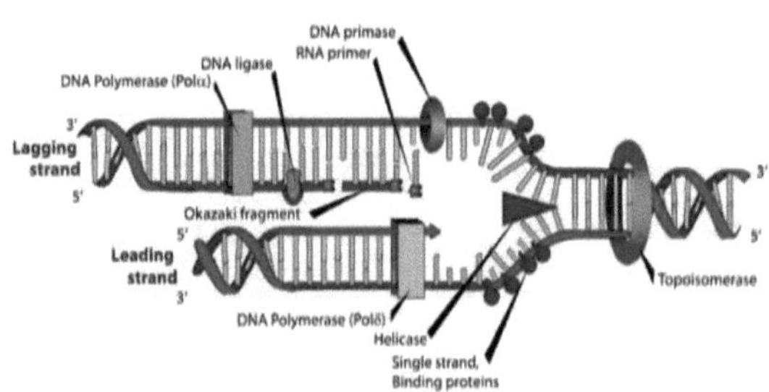

Topoisomerase - unwinds DNA

Helicase – enzyme that breaks H-bonds

DNA Polymerase – enzyme that catalyzes connection of nucleotides to form complementary DNA strand in 5' to 3' direction (reads template in 3' to 5' direction)

Leading Strand – transcribed continuously in 5' to 3' direction

Lagging Strand – transcribed in segments in 5' to 3' direction (Okazaki fragments)

DNA Primase – enzyme that catalyzes formation of RNA starting segment (RNA primer)

DNA Ligase – enzyme that catalyzes connection of two Okazaki fragments

Fig. 6 : Diagram of a replication fork in *E.coli* showing the major components of the replication apparatus.

Ref. Web- 6

A junção entre os fios do modelo recentemente separado e o ADN duplex não replicado é conhecida como o garfo de replicação.

O garfo de replicação move-se continuamente para a região duplex de ADN não replicado, deixando na sua esteira dois modelos de ssDNA que dirigem a formação de dois duplex de

ADN filhas.

A DNA polimerase só pode sintetizar uma nova fita de ADN de 5' a 3', o processo de replicação vai de forma diferente para as duas fitas que compõem a dupla hélice de ADN.

1) Cordão principal:

O modelo principal é o modelo da dupla hélice do ADN que é orientada de 3' a 5'. Toda a síntese de ADN ocorre de 5'-3'. A fita de ADN original deve ser lida 3'-5' para produzir uma fita nascente de 5'-3'.

O cordão principal é formado ao longo do modelo do cordão principal como uma polimerase "lê" o ADN do modelo e adiciona continuamente nucleótidos à extremidade de 3' do cordão de alongamento. Esta polimerase é a DNA polimerase III (DNA pol III) em procariotas e, presumivelmente, Pol ε em eucariotas.

2) Vertente de retardamento:

O modelo de fita retardada é a fita de codificação da dupla hélice do ADN que é orientada à maneira de "ina5'a3".

O novo cordão de retardamento ainda está sintetizado em 5'-3'. Contudo, uma vez que o ADN é orientado de uma forma que não permite uma síntese contínua, apenas pequenas secções podem ser lidas de cada vez. Um primário de ARN é colocado na cadeia de ADN 3' até à origem da replicação. A polimerase do ADN lê 3'-5' no ADN original para produzir 5'-3' filamentos nascentes. A polimerase atinge a origem da replicação e pára a replicação até que um novo primário de RNA seja colocado 3' até ao último primário de RNA. Estes fragmentos de ADN produzidos no cordão retardatário são chamados fragmentos de Okazaki. A orientação do ADN original no cordão de retardamento impede a síntese contínua. Como resultado, a replicação do cordão retardatário é mais complicada do que do cordão principal.

No modelo de cordões retardatários, a primase lê o ADN e acrescenta-lhe RNA em segmentos curtos e separados. Em eucariotas, a primase é intrínseca ao Pol a. DNA polimerase III ou Pol δ alonga os segmentos primase, formando fragmentos de Okazaki. A remoção do primer em eucariotas é também realizada por Pol δ.

Em procariotas, a DNA polimerase I lê os fragmentos, remove o RNA usando o seu domínio de endonuclease flap, e substitui os nucleótidos de RNA por nucleótidos de ADN.

A ligase de ADN junta os fragmentos.

Os fragmentos de Okazaki podem variar em comprimento de 1000 a 2000 nucleotídeos em bactérias e 100-400 nucleotídeos em eucariotas.

3. Estudo da transcrição e tradução, polimerases de RNA, regulação da transcrição em procariotas e eucariotas

[A] O dogma central

O dogma central da biologia molecular é que a informação genética flui do ADN para o ADN durante a replicação cromossómica e do ADN para as proteínas durante a expressão genética.

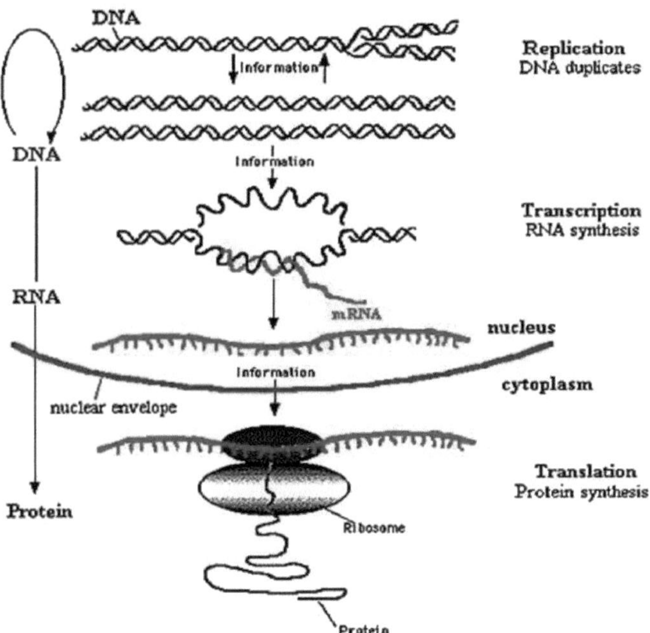

Fig. 7: The Central Dogma of Molecular Biology

Ref. Web - 7

O fluxo de informação do ADN para as proteínas ocorre em duas etapas.

1) Transcrição: ADN para RNA

2) Tradução: ARN para proteínas

A transcrição envolve a síntese de uma transcrição de ARN complementar a uma vertente de ADN de um gene. A tradução é a conversão da informação armazenada na sequência de nucleótidos na transcrição do RNA na sequência de aminoácidos no produto do gene do polipéptido, de acordo com as especificações do código genético.

[B] Transcrição:

Transcrição (ou síntese do RNA) é o processo pelo qual a informação contida na sequência nucleotídica do ADN é transferida para o RNA. As três principais classes de RNA são RNA ribossomal (rRNA), RNA de transferência (tRNA), e RNA de mensageiro (mRNA). Todos desempenham papéis-chave na síntese de proteínas. Os genes que codificam mRNAs são conhecidos como genes codificadores de proteínas. Diz-se que o agene é **expresso** quando a sua informação genética é transferida tomRNA e depois para a proteína.

A biossíntese de RNA inclui três fases:

> **Iniciação:** A RNA polimerase liga-se ao promotor do ADN, e depois forma-se uma transcrição "bolha".

> **Elongação:** A polimerase catalisa a formação de ligações de 3'5'-fosfodiester na direcção de 5'^3', utilizando NTP como unidades de construção.

> **Rescisão:** Quando a polimerase atinge uma sequência de terminação no ADN, a reacção pára e o RNA recém-sintetizado é libertado.

[A] Síntese de RNA em procariotas:

- **RNA polimerase em *E. coli*** : consiste em cinco subunidades, α2ββ'ωσ, que se chama "holoenzyme". A subunidade s funciona como um factor de partida que pode reconhecer e ligar-se ao site promotor. O resto da enzima, α2ββ'ω, é conhecida como "enzima núcleo", responsável pelo alongamento da sequência de RNA.

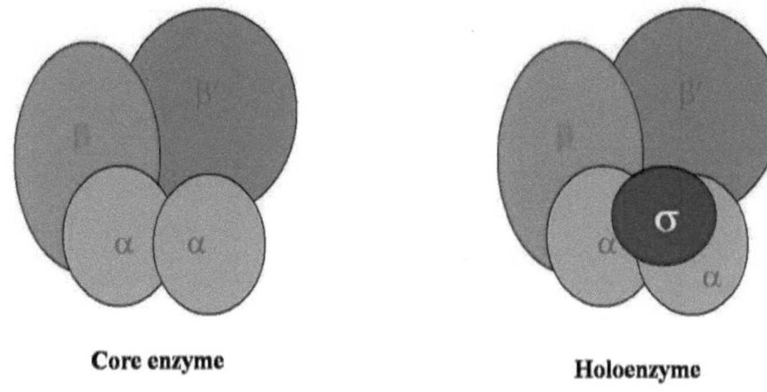

Fig. 8 : Diagram of E.Coli RNA polymerase .

Ref. Web - 8

Operon*: uma unidade coordenada de expressão genética, que geralmente contém um gene regulador e um conjunto de genes estruturais.

Site promotor*: uma região de modelos de ADN que liga especificamente a polimerase do ARN e determina onde começa a transcrição.

A sequência -10: refere-se ao consenso TATAAT, e é conhecida como "Pribnow box".

A sequência -35: refere-se ao consenso TTGACA, que é reconhecido pela subunidade de RNA polimerase,

A vertente antisense (-) refere-se à vertente de ADN que é utilizada como modelo para sintetizar o mRNA.

O fio de sentido (+) de uma dupla hélice de ADN é o fio não-modelo que tem a mesma sequência que a da transcrição do RNA, excepto para T em vez de U.

Fio Antisense (-) = fio modelo

Sentido (+) vertente = vertente codificadora

[B] Síntese de RNA em eucariotas:

1. *Iniciação à* **Transcrição**

σ factor reconhece o sítio de iniciação (região -35, a holoenzima do *RNA-pol* liga-se ao ADN duplex e move-se ao longo da hélice dupla em direcção à região -10.

A holoenzima de *RNA-pol chegou na* região **-10** e liga-se à região -10 , o ADN é parcialmente desenrolado e foi aberto com 10-20 bp de comprimento.

Depois a entrada de dois nucleótidos vizinhos, cujos pares de base são complementares com o modelo de ADN, a RNA polimerase catalisou a primeira reacção de polimerização.

2. **Elongação:**

Após a primeira ligação fosfodiéster ter sido formada, a subunidade s é libertada. A enzima do núcleo move-se numa direcção de 5'^3' no cordão de ADN enquanto catalisa o alongamento da transcrição do RNA.

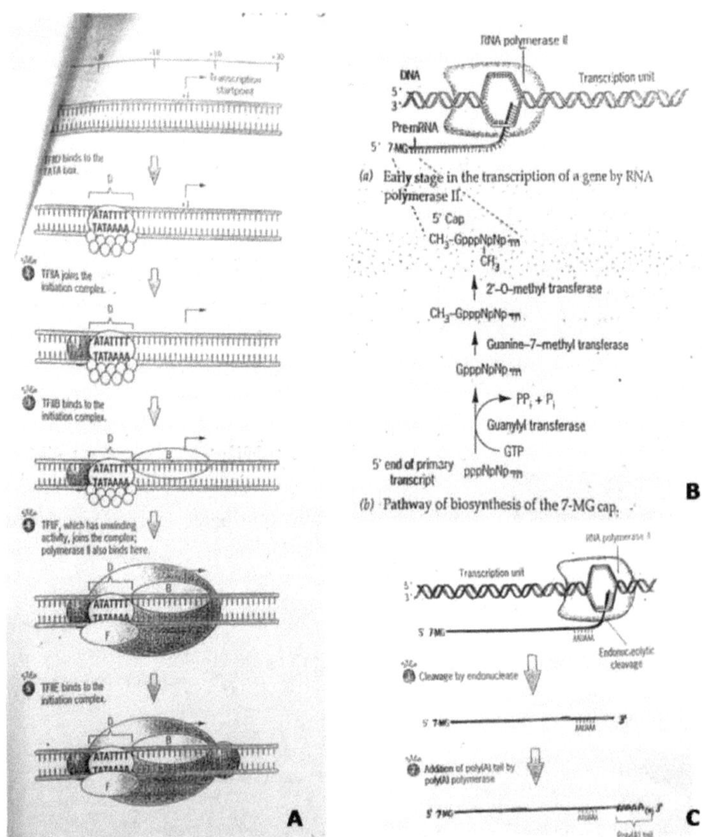

Fig. 9 : Diagram of a RNA synthesis in Eukaryotes. [A] Initiation [B] Elongation and addition of 7-MG cap and [C] Termination and addition of poly adenine tail.

3. **Terminação**: quando a enzima do núcleo atinge uma sequência de terminação, a

região perto do 3'end de ARN forma uma estrutura de grampo de cabelo por autoparação de base. A transcrição pára, a enzima do núcleo e o RNA recém-sintetizado são libertados.

Para aqueles modelos de ADN que não têm a sequência para produzir uma estrutura de grampo de cabelo da transcrição do RNA, um factor proteico chamado "p" reconhece o local de terminação, pára a transcrição, e provoca a libertação do RNA recém-sintetizado.

[C] Síntese de RNA em eucariotas:

1. Iniciação à Transcrição:

A iniciação da transcrição por RNA polimerase II requer a formação de um complexo de iniciação de transcrição basal na região promotora. A montagem deste complexo começa quando a TFIID, que contém a proteína de ligação TATA (TBP), se liga à caixa TATA. Os outros factores de transcrição (TFIIA, TFIIB, TFIIF e TFIIE) e a polimerase RNA II unem-se ao complexo na sequência apresentada.

2. Alongamento e adição de tampas de 5' de metil guanosina:

Uma vez liberadas as polimerases eucarióticas de RNA dos seus complexos de iniciação, catalisam o alongamento da cadeia de RNA pelo mesmo mecanismo que as polimerases de RNA de procariotas. As tampas de 7-metil guanosina (7-MG) são adicionadas ao final de 5' de pré-mRNAs pouco depois do início do processo de alongamento. A tampa de 7-MG contém 5'-5' de ligação trifosfato e dois ou mais grupos metilo. Estas tampas de 5' são adicionadas co-transcritivamente pela via biossintética mostrada na figura. As cápsulas de 7-MG são reconhecidas por factores proteicos envolvidos no início da tradução e também ajudam a proteger as cadeias crescentes de ARN contra a degradação por nucleases.

3. Terminação por clivagem em cadeia e a adição de caudas de poli (A) de 3':

As 3'pontas de transcrições de RNA sintetizadas por polimerases II de RNA são produzidas por clivagem endonucleolítica das transcrições primárias e não pela terminação da transcrição. As caudas de poli (A) são adicionadas às extremidades de 3' das transcrições pela enzima poli (A) polimerase são produzidas por clivagem endonucleolítica da doenstream da transcrição a partir de um sinal de poliadenilação, que tem a sequência consensual AAUAAA.

[D] Emenda de RNA:

A maioria mas não todos os genes Eukaryotic estão divididos em sequências expressas que chamam exons e as sequências não codificadas que intervêm chamam intron. "a excisão de sequências de intrão a partir de transcrições primárias por emenda de RNA" o mecanismo de emenda deve ser preciso ao único nucleótido para assegurar que os códões nos exões a jusante são traduzidos correctamente para produzir a sequência certa de aminoácidos no produto polipéptido. Existem tipos distintos de excisão interna das transcrições de RNA.

1)   Os introns dos precursores de tRNA são excisados por clivagem endonucleolítica precisa e reacções de ligadura catalisadas por emendas especiais de endonuclease e actividades de ligase.

2)   Os introns de alguns precursores de rRNA são removidos autocatalisticamente numa reacção única mediada pela própria molécula de RNA. Nenhuma actividade enzimática proteica está envolvida.

3)   Os introns das transcrições do pré-mRNA nuclear (hnRNA) são emendados em reacções em duas etapas realizadas por partículas complexas de ribonucleoproteínas chamadas spliceosomes

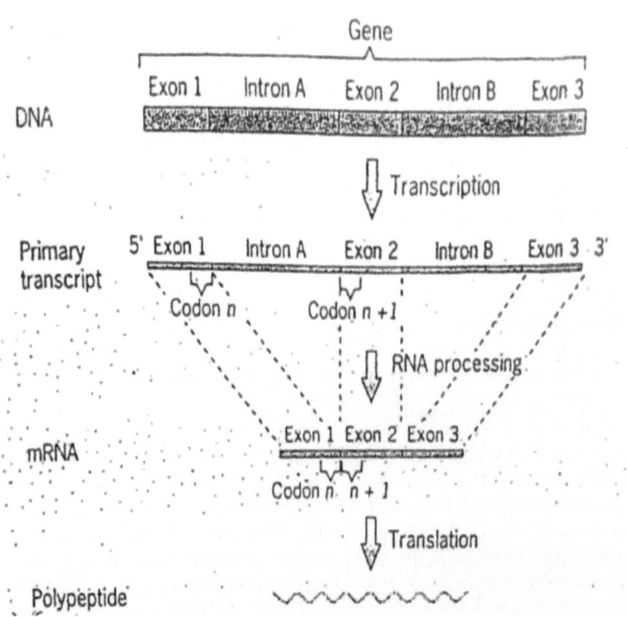

Fig. 10 : RNA splicing

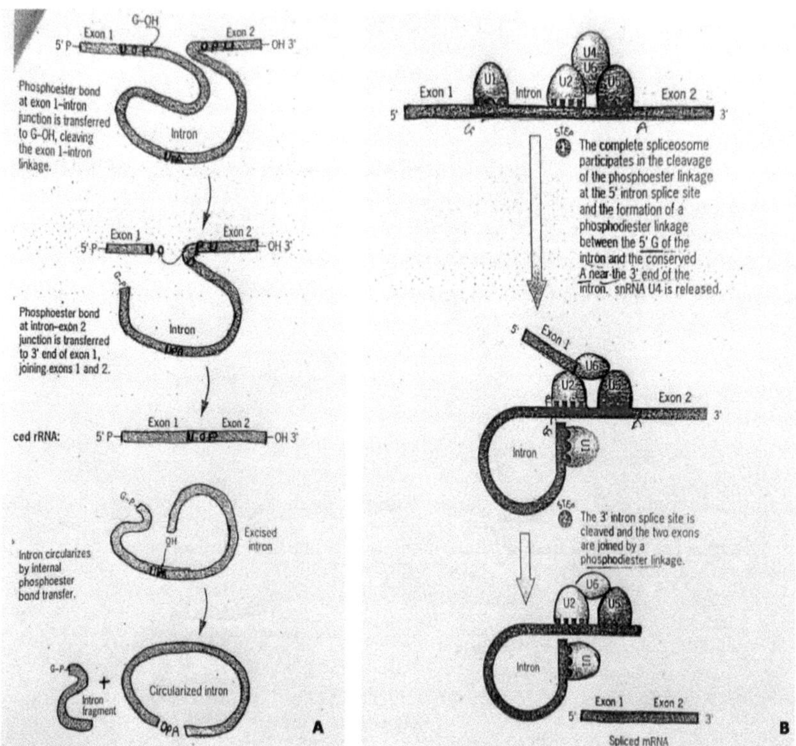

Fig. 11 : Splicing mechanism in rRNA [A]; in mRNA [B].

[E] Tradução/ Síntese de proteínas:

O processo fundamental de síntese de proteínas é a formação de uma ligação de apeptídeos entre o grupo carboxil de um aminoácido ou no final de uma cadeia crescente de polipeptídeos e um aminoácido livre sobre um grupo de aminoácidos. Visão geral de eventos de tradução:

A tradução envolve três etapas distintas:

(a) **Iniciação:** A tradução começa com a ligação do mRNA e um tRNA iniciador a uma pequena subunidade livre do ribossomo. A pequena subunidade - complexo mRNA recruta então uma grande subunidade para criar um ribossoma intacto com mRNA ensanduichado entre as duas subunidades. Envolve as reacções que precedem a formação da ligação peptídeo entre os dois primeiros aminoácidos da proteína.

(b) **Elongação:** Prossegue na direcção 5'-3' ao longo do mRNA. Como o ribossomo transloca do códão para o códão, um tRNA carregado após o outro é encaixado nos centros de descodificação e transferência de peptídeo do ribossomo.

(c)   **Terminação:** quando o elongating-ribossoma encontra um códão de paragem, a cadeia de polipéptidos agora concluída é libertada, e o ribossoma dissocia-se do mRNA como subunidades grandes e pequenas separadas. Embora um ribossoma possa sintetizar apenas um polipéptido de cada vez, cada mRNA pode ser traduzido simultaneamente por múltiplos ribossomas. Um mRNA com múltiplos ribossomas é conhecido como poli-ribossoma ou polissoma.

[1] Tradução em procariotas:

Iniciação:

Nos mRNAs procarióticos existe uma sequência conservada de 8-13 nucleótidos a montante do primeiro códão, conhecida como sequência Shine-Dalgarno. Trata-se de um local de ligação de ribossomas. A série de eventos envolvidos na iniciação é dada abaixo:

a)   Formação de complexos de subunidades IF2/tRNAf^{Met} e IF3/mRNA/30S.

b)   Os complexos formados no passo 1 combinam-se uns com os outros. IF1 e GTP ligam o compex para formar o complexo de iniciação 30S.

c)   O tRNA iniciador pode agora ligar-se ao complexo através do par de base do seu anticódone com o códão AUG no mRNA. Neste momento, o IF3 pode ser libertado. Este complexo é chamado complexo de iniciação.

d)   Agora, a grande subunidade (50S) do ribossomo junta-se ao complexo de iniciação.

e)   GTP é clivado e IF1 e IF2 são libertados.

Elongação:

a)   Aminoacyl-tRNA entra no site A do ribossomo. A EF-Tu é obrigada a complementar a reacção. O complexo EF-Tu-GDP é regenerado com a ajuda de EF-Ts.

b)   O polipéptido em crescimento é transferido do tRNA em P site para o tRNA em A site. Peptidyl transferase (actividade da subunidade 50S) catalisa a reacção.

c)   Translocação do tRNA do polipéptido crescente de A para P e partida do tRNA para o E. O grupo formil de formilmetionina é removido durante a translocação. Um complexo de translocase (Ef-G) e GTP liga-se ao ribossoma e, num passo de consumo de energia, o tRNA descarregado é ejectado do sítio P.

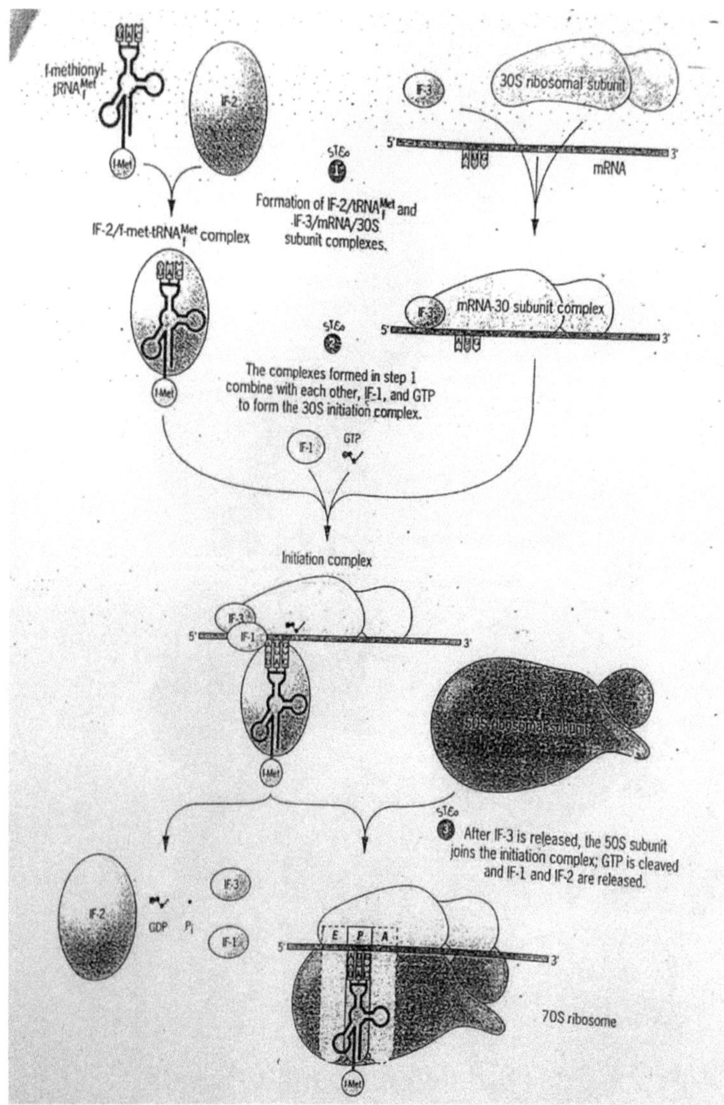

Fig. 12 : The initiation of translation in E.coli .

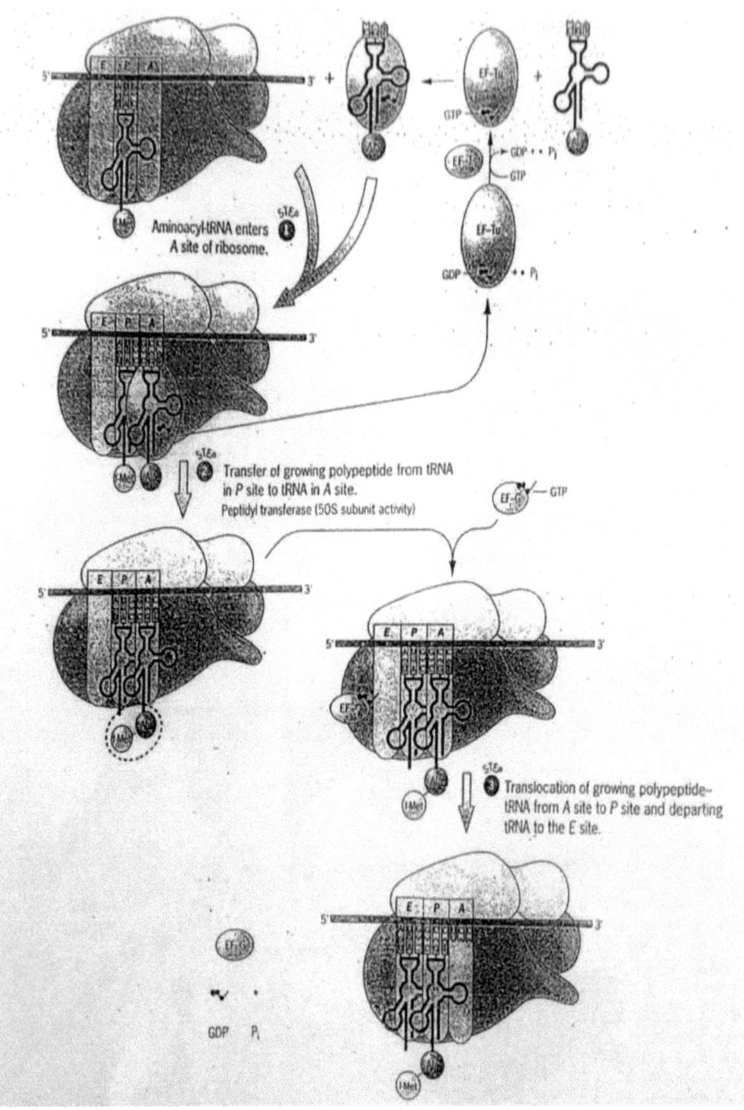

Fig. 13 : Polypeptide chain elongation in E.coli .

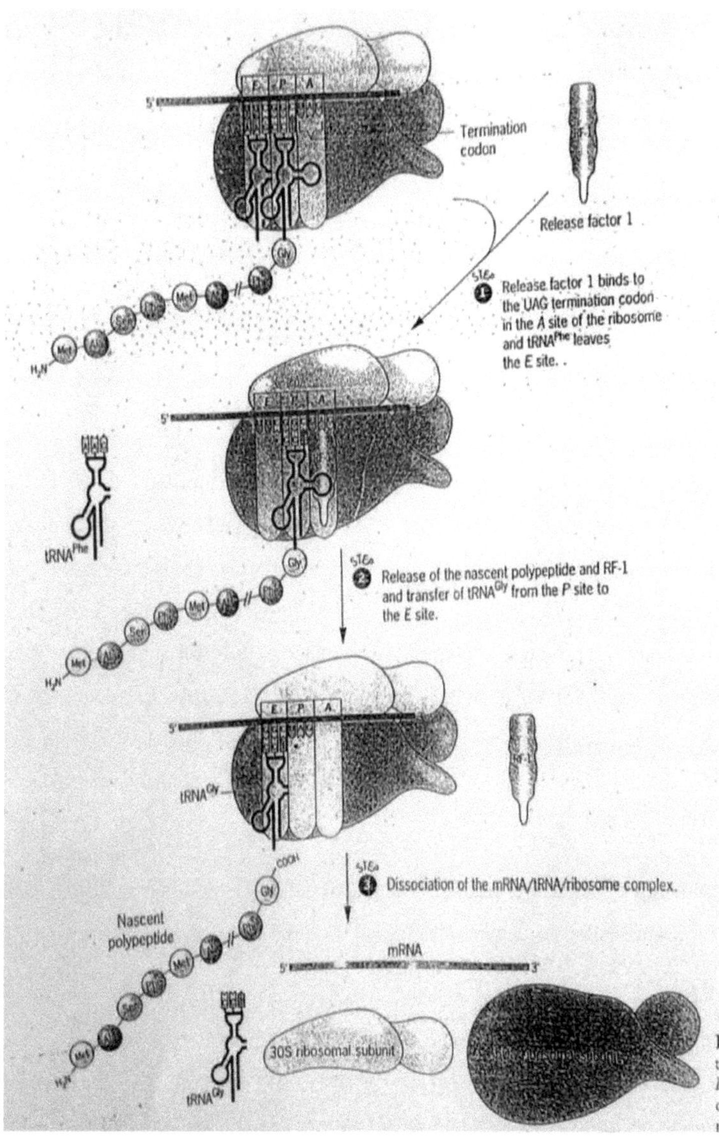

Fig. 14 : Polypeptide chain trmination in E.coli.

Rescisão:

A síntese de proteínas termina quando são atingidos três códones terminais UAG, UAA ou UGA. Os factores de libertação interagem com estes códones e provocam a libertação da cadeia de polipeptídeos completa. O RF-1 reconhece os códões UAA e UAG. A RF-2 reconhece os códões UAA e UGA. A RF-3 ajuda tanto a RF1 como a RF2 a realizar a reacção.

O factor de libertação 1 liga-se ao códão de terminação UAG no site A do ribossoma e o tRNA^{Phe} deixa o site E.

f)   Lançamento do polipéptido nascente e RF-1 e transferência do tRNA^{Gly} do site P para o site E.

g)   Dissociação do complexo mRNA/tRNA/ribosome.

[2] Tradução em eucariotas:

a)   Iniciação:

As subunidades Eukaryotic 40S reconhecem primeiro a tampa metilada de 5' e depois varrem ao longo da sequência até localizarem o códão de iniciação, onde são unidas por grandes subunidades. Este processo de scan em síntese de proteínas eucariotas é alimentado por helicases que hidrolisam ATP. A selecção do AUG de iniciação é facilitada por nucleótidos específicos circundantes chamados sequência Kozak, tendo os arranjos nucleotídicos como 5' ACCAUGG 3'. Uma vez que a subunidade ribossómica com a sua ligação Met-tRNAi esteja correctamente posicionada no códão de início, a cebola com a grande (60S) subunidade ribossómica compete com a formação de um ribossoma 80S.

b)   Elongação:

O ciclo de alongamento da síntese proteica é bastante semelhante ao dos procariotas. eEFla, eEF/βγ e eEF2 têm funções descritas para EF Tu, EF Ts e EF-G, respectivamente.

c)   Rescisão:

Em eucariotas, um único factor de libertação eRF, reconhece os três códones de paragem e desempenha os papéis desempenhados por RF-1 (0r RF2 e RF3) em procariotas. eRF requer GTP para actividade, mas ainda não é claro se existe um equivalente eucariótico do factor de libertação do ribossoma necessário para a dissociação das subunidades do mRNA.

[F] Código genético

A relação entre as sequências de aminoácidos numa sequência de polipéptidos e nucleótidos de ADN ou mRNA é chamada código genético. É a correspondência entre a sequência das quatro bases em ácidos nucleicos e a sequência dos 20 aminoácidos em proteínas.

Propriedades do código genético:

1. O código genético é composto por trigémeos de nucleótidos:

Três nucleótidos em mRNA especificam um aminoácido no produto polipéptido; assim, cada códon contém três nucleótidos.

2. O código genético é não sobreposto:

Cada nucleótido em mRNA pertence a apenas um códão, excepto em casos raros em que os genes se sobrepõem e uma sequência nucleotídica é lida em dois quadros de leitura diferentes.

3. O código genético é livre de vírgulas:

Não existem vírgulas ou outras formas de pontuação dentro das regiões codificadoras das moléculas de mRNA. Durante a tradução, os códons são lidos consecutivamente.

4. O código genético é degenerado:

Todos os aminoácidos, excepto dois, são especificados por mais do que um códão.

5. O código genético é ordenado:

Os códons múltiplos para um dado aminoácido e os códons para aminoácidos com propriedades químicas semelhantes estão intimamente relacionados, geralmente diferindo por um único nucleótido.

6. O código genético contém códigos de início e fim.

Códones específicos são utilizados para iniciar e terminar cadeias de polipéptidos.

7. O código genético é quase universal:

Com pequenas excepções, os códões têm o mesmo significado em todos os organismos vivos, desde os virais aos humanos.

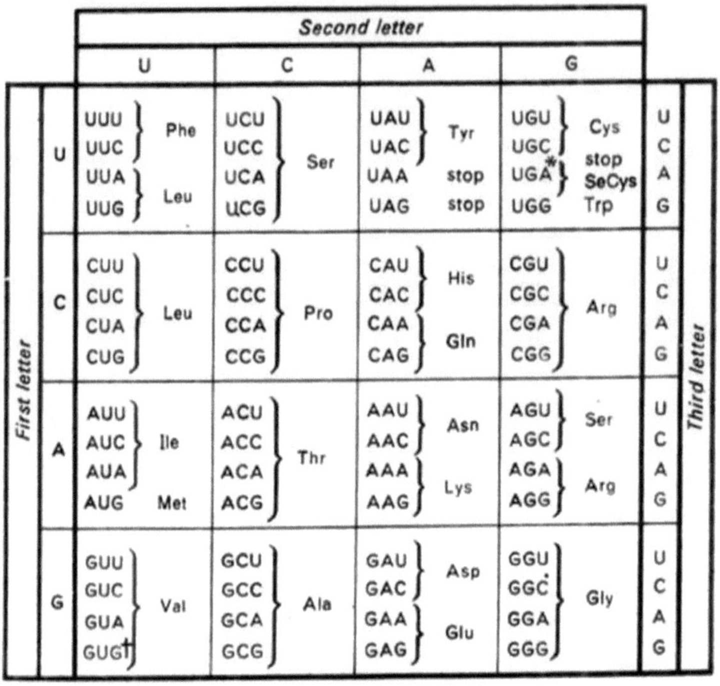

First letter	Second letter: U	Second letter: C	Second letter: A	Second letter: G	Third letter
U	UUU, UUC } Phe UUA, UUG } Leu	UCU, UCC, UCA, UCG } Ser	UAU, UAC } Tyr UAA stop UAG stop	UGU, UGC } Cys UGA* stop / SeCys UGG Trp	U C A G
C	CUU, CUC, CUA, CUG } Leu	CCU, CCC, CCA, CCG } Pro	CAU, CAC } His CAA, CAG } Gln	CGU, CGC, CGA, CGG } Arg	U C A G
A	AUU, AUC, AUA } Ile AUG Met	ACU, ACC, ACA, ACG } Thr	AAU, AAC } Asn AAA, AAG } Lys	AGU, AGC } Ser AGA, AGG } Arg	U C A G
G	GUU, GUC, GUA, GUG† } Val	GCU, GCC, GCA, GCG } Ala	GAU, GAC } Asp GAA, GAG } Glu	GGU, GGC, GGA, GGG } Gly	U C A G

† GUG codes for methionine when used as initiating codon
* UGA rarely codes for selenocysteine (SeCys)

Fig. 15 : Relationship between triple code and aminoacids.

Ref. Web - 9

4. Para estudar os gráficos de mutação, hipótese de oscilação, novos códigos genéticos, genes sobrepostos & divididos

[A] Mutação:

Mutação é qualquer alteração no par base de ADN, que quando copiado no RNA pode alterar as 'letras' de um códão. Mesmo a mutação de um único par de bases pode alterar o significado do códão no RNA.

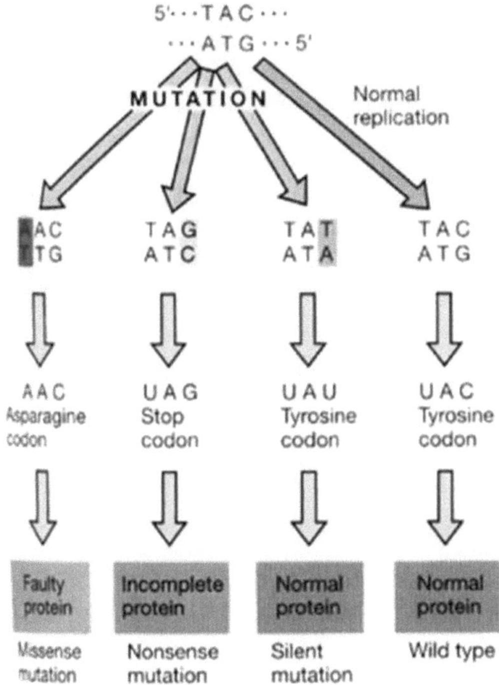

Fig. 16 : Effect of Mutation.

Ref. Web - 10

As mutações pontuais são alterações de base única, que não afectam o quadro de leitura; ou seja, a mutação apenas faz uma única alteração num único códão, e tudo o resto não é perturbado. Existem três tipos de mutação pontual:

1) **Mutação silenciosa**: Há uma mudança de base, mas o novo códão significa

exactamente a mesma coisa que o antigo; isto deve-se à **degenerescência** do códão -> código de conversão de aminoácidos. Não há alteração fenotípica.

2)   **Mutação do Missense**: A mutação altera o significado do códão, de modo que o aminoácido codificado não é aquele que deveria estar lá. Isto poderia não ter efeito fenotípico, se o aminoácido substituído tivesse um carácter semelhante ao original; poderia ser uma proteína não funcional, ou poderia ser um **letal condicional**, onde a proteína funciona em condições normais, mas não no mesmo intervalo de funcionamento que a proteína original.

3)   **Mutação sem sentido**: Esta mutação muda o códão para um **códão de paragem**, que termina prematuramente a tradução quando a transcrição do mRNA está a ser lida pelos ribossomas. Isto resulta quase sempre numa proteína não funcional, porque este último pedaço da mesma estará em falta.

Ao falar de mutações pontuais, é importante lembrar que bases são **purinas** (A/G) e quais são **pirimidinas** (C/T). Quando uma mutação pontual faz com que um purino se converta a outro purino (por exemplo, C a T), isto é conhecido como uma **transição.** Quando uma mutação pontual muda um purino para uma pirimidina, ou vice-versa, (isto é, de A a T), isto é conhecido como uma **translação.**

[B] Hipótese de Wobble:

Em 1966, Francis Crick, propôs "The Wobble hypothesis". Segundo esta hipótese, apenas as duas primeiras bases do códão têm um emparelhamento preciso com as bases do anticódão do mRNA, enquanto o emparelhamento entre as terceiras bases do códão e do anticódão pode Wobble (não específico).

O emparelhamento na terceira base é indefinido. Assim, um único tRNA pode emparelhar com mais do que um códon de mRNA, diferindo apenas na terceira base.

O emparelhamento entre as duas primeiras bases é normal, enquanto que entre G e U é contra o padrão normal de emparelhamento. Esta ligação invulgar entre G e U é chamada emparelhamento Wobble. Inosine é a quinta base no anti codon.inosine surge através da modificação enzimática da adenina por ADAR-Adenosina Deanimase RNA específica.

Inosine é normalmente encontrado em tRNA e é essencial para a tradução adequada do código genético em pares de bases oscilantes.

Vantagem da oscilação:

1) Acrescenta flexibilidade ao código genético.

2) A interacção mais fraca causa uma dissociação mais rápida do tRNA do mRNA.

3) Minimiza os efeitos da mutação.

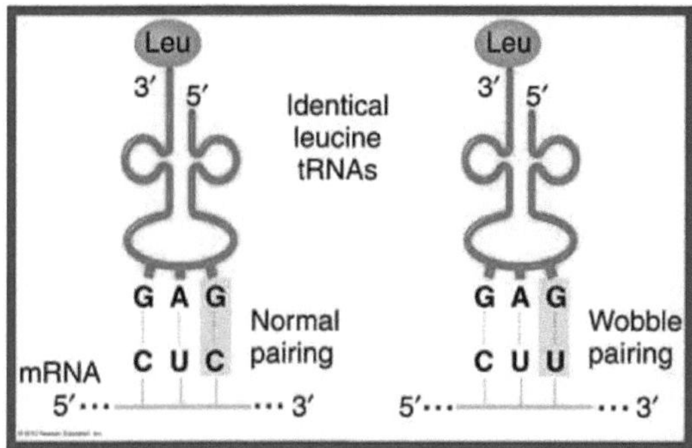

Codon	Anti-Codon
A	U or I
G	C or U or I
C	G or I
U	A or G or I

Fig. 17 : The Wobble hypothesis.

Ref. Web - 11

[C] Novos códigos genéticos:

As excepções mais notáveis são os códones mitocondriais. As mitocôndrias têm o seu próprio ADN que é transcrito e traduzido para produzir proteínas os códigos genéticos mitocondriais que são diferentes dos códones universais (mostrados na Fig. 18) são apresentados na Fig. 18.

Codon	In universal code	Codes for In mitochondria of		
		Mammals	*Drosophila*	Yeast
UGA	Termination codon	Tryptophan	Tryptophan	Tryptophan
AUA	Isoleucine	Methionine	Methionine	Methionine
CUA	Leucine	Leucine	Leucine	Threonine
AGA AGG	Arginine	Termination	Serine	Arginine

Fig. 18 : The new genetic codes; Difference in genetic codes of mitochondria and organisma.

Ref. Web - 9

Nas mitocôndrias de milho (Zea mays) os códigos do códão CGG para o triptofano, enquanto este códão representa a arginina no código universal. Também é de notar que o triptofano é codificado pela UGA nas mitocôndrias de mamíferos, Drosophila e levedura. Assim, os códões mitocondriais não são uniformes em todos os organismos. As mitocôndrias de milho utilizam os códões AGA e AGG para a arginina, tal como as mitocôndrias de levedura.

Em tempos mais recentes, foram também descobertos desvios do código universal em alguns organismos. Por exemplo, no Mycoplasma capricoleum, o triptofano é codificado pelo códão UGA, como na mitocôndria, enquanto no código genético universal, é um dos códões terminais. No protozoário eucariótico Tetrahymena UAA códigos para glutamina e não para terminação. Provavelmente, mais discrepâncias deste tipo seriam reveladas no futuro, desafiando o conceito de universalidade do código genético.

[C] Genes que se sobrepõem:

As sequências de base, que codificam as proteínas, sobrepõem-se num cromossoma muito pequeno.

Este círculo representa o cromossoma do **vírus [phi]X174** que codifica para nove proteínas separadas. Os cientistas sabiam quão pequena poderia ser uma sequência base de ADN e ainda codificar para uma proteína. Contudo, ficaram intrigados com este pequeno vírus cujo ADN é demasiado pequeno para codificar todas as diferentes proteínas que produz.

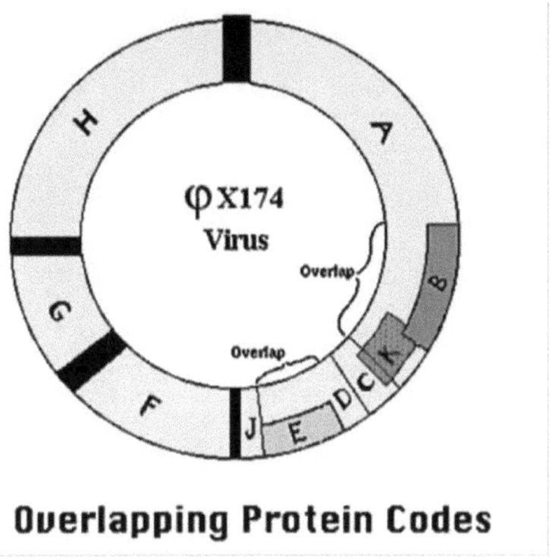

**Fig. 19 : The overlapping genes of virus
φX174.**

Ref. Web - 12

Em 1977, Fredrick Sanger e colegas mapearam a estrutura completa do ADN deste vírus peculiar e descobriram que as codificações de duas das proteínas estão incorporadas em dois dos outros genes. Descobriram que o mesmo trecho de ADN estava codificado para mais do que uma proteína!

Na ilustração, as letras indicam as proteínas codificadas pelos genes nas regiões coloridas. Repare como em algumas regiões a codificação de uma proteína também inclui informação para outras proteínas. Por exemplo, a região que codifica a proteína A também codifica a proteína B e parte da proteína K. (As áreas negras curtas indicam partes do cromossoma que não codificam para as proteínas).

[E] Split Genes (ou Introns):

Durante 1970, em alguns vírus de mamíferos *(por exemplo* adenovírus) verificou-se que as sequências de ADN codificadas para um polipeptídeo não estavam presentes continuamente, mas estavam divididas em vários pedaços. Por conseguinte, estes genes foram designados como genes divididos ou *introns* (Gilbert, 1978), *genes interrompidos* ou *sequências intervenientes* (Lewin, 1980), *inserções* (Weismann, 1978), *ADN Lixo*. Pela descoberta de genes partidos em adenovírus e organismos superiores, Richards J.Roberts e

Phillip Sharp foram galardoados com o Prémio Nobel em 1993.

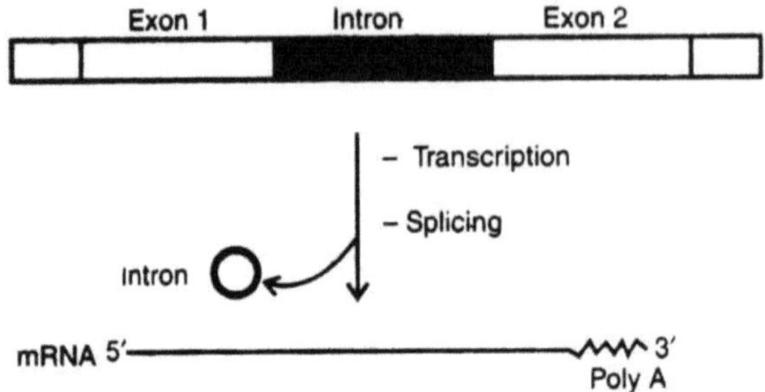

Fig. 20 : The split gene in mRNA.

Ref. Web - 13

Como mostra a figura 20, os códigos de sequência de ADN para o rnRNA, mas a sequência correspondente completa de ADN não se encontra no mRNA. Faltam certas sequências de ADN no mRNA. As sequências presentes no ADN mas ausentes no mRNA são chamadas sequências intervenientes ou *introns,* e as sequências de ADN encontradas no RNA são conhecidas como *exons*. O código dos *exons* para o mRNA.

5.para preparar a curva padrão de ADN

Princípio:

Esta é uma reacção geral dada por deoxypentoses. A 2-deoxirribose do ADN, na presença de ácido, é convertida em aldeído hidróxilevulínico ω-, que reage com difenilamina para formar um complexo de cor azul, que pode ser lido a 595 nm.

Requisitos:

- **Produtos químicos:** solução de reserva de ADN, difenilamina, soluções 0,3 N KOH

- **Artigos de vidro:** Tubos de ensaio, pipetas, suportes de tubos de ensaio

- **Instrumento:** Espectrofotómetro

- **Preparação do reagente:**

1) **Solução padrão de ADN -** Dissolver o ADN do timo do vitelo (200pg/ml) em ácido perclórico IN / tampão salino [20 mg de ADN dissolvido em 100ml de ácido perclórico 1N].

2) **Solução de difenilamina -** Dissolver 1g de difenilamina em 100 ml de ácido acético glacial e 2,5 ml de H2SO4 concentrado. Esta solução deve ser preparada fresca

3) **Salina-** 0,5 mol/litro de NaCl; citrato de sódio 0,015 mol/litro, pH 7.

Procedimento:

Faça a concentração 20, 40, 60, 80 & 100 µg através da tomada 0, 0.2, 0.4, 0.6, 0.8 & 1

ml de solução de reserva de ADN seguida de 1, 0,8, 0,6, 0,4, 0,2 e 0,0 ml de D.W.

Adicionar 2ml de reagente de difenilamina

Misturar o conteúdo dos tubos por vórtice / agitar os tubos e incubar num banho de água a ferver durante 10min.

Depois arrefecer o conteúdo e registar a absorvância a 595 nm contra branco.

Em seguida, traçar a curva padrão, tomando a concentração de DNA ao longo do eixo X e a absorvância a 595 nm ao longo do eixo Y.

Sr.	Con. De ADN	Solução de	D.W.	reagente de	Incubação	O.D.

Não.	(µg)	reserva de ADN (ml)	(ml)	difenilamina (ml)		a 595nm
Em branco	-	-	1	2		
1	40	0.2	0.8	2	10 min. em Banho-maria & cool	
2	80	0.4	0.6	2		
3	120	0.6	0.4	2		
4	160	0.8	0.2	2		
5	200	1	0	2		

Standard Curve for DNA estimation by DPA method

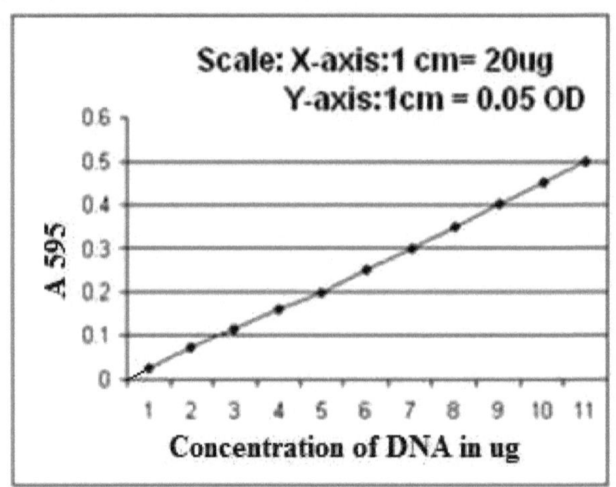

Ref. Web - 14

Cun e padrão para estimativa de ADN pelo método DPA

6. Para estimar a quantidade de ADN presente na solução dada desconhecida pelo método da difenilamina

Princípio: Esta é uma reacção geral dada por deoxipentoses. A 2-deoxirribose do ADN, na presença de ácido, é convertida em aldeído hidróxilevulínico ω-, que reage com difenilamina para formar um complexo de cor azul, que pode ser lido a 595 nm.

Requisitos:

- **Produtos químicos:** solução de reserva de ADN, difenilamina, soluções 0,3 N KOH

- **Artigos de vidro:** Tubos de ensaio, pipetas, suportes de tubos de ensaio

- **Instrumento:** Espectrofotómetro

- **Preparação do reagente:**

1) Solução padrão de ADN - Dissolver o ADN do timo do vitelo (200pg/ml) em ácido perclórico/ soro fisiológico tampão IN.

2) Solução de difenilamina - Dissolver 1g de difenilamina em 100 ml de ácido acético glacial e 2,5 ml de H_2SO_4. Esta solução deve ser preparada fresca

3) Salina- 0,5 mol/litro NaCl; 0,015 mol/litro citrato de sódio, pH

Procedimento:

Pipetar 0,0, 0,2, 0,4, 0,6, 0,8 e 1 ml de padrão de trabalho para a série de tubos de ensaio rotulados.

Pipetar 1 ml da amostra dada num outro tubo de ensaio.

Perfazer o volume até 1 ml em todos os tubos de ensaio. Um tubo com 1 ml de água destilada serve como o branco.

Adicionar agora 2 ml de reagente DPA a todos os tubos de ensaio, incluindo os tubos de ensaio rotulados como "branco" e "desconhecido".

Misturar o conteúdo dos tubos por vórtice / agitar os tubos e incubar num banho de água a ferver durante 10 minutos.

Depois arrefecer o conteúdo e registar a absorvância a 595 nm contra branco.

Em seguida, traçar a curva padrão, tomando a concentração de DNA ao longo do eixo X e a absorvância a 595 nm ao longo do eixo Y.

Depois, a partir desta curva padrão calcular a concentração de ADN na amostra dada.

Resultado: A dada amostra desconhecida contém - pg ADN/ml.

Observações e Cálculos

Sr. Não.	Con. De ADN (µg)	Solução de reserva de ADN (ml)	D.W. (ml)	reagente de difenilamina (ml)	Incubação	O.D. a 595nm
Em branco	-	-	1	2		
1	40	0.2	0.8	2	10 min. em Banho-maria & cool	
2	80	0.4	0.6	2		
3	120	0.6	0.4	2		
4	160	0.8	0.2	2		
5	200	1	0	2		
6	A ser estimado	1 Desconhecido	0	2		

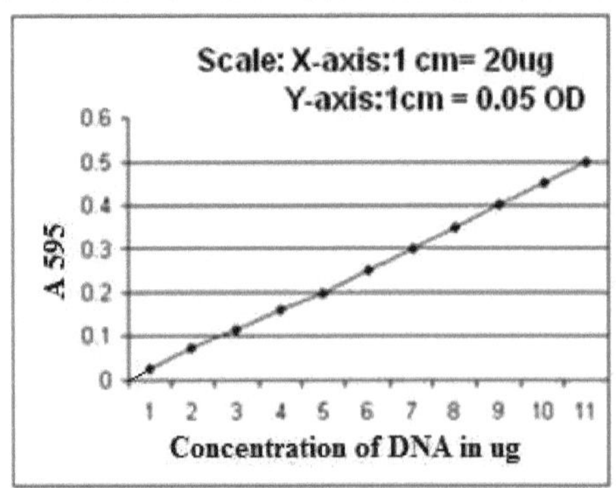

Ref. Web - 14

7. Isolamento do ADN de material vegetal e a sua estimativa pelo método da difenilamina

Requisitos:

Tampão CTAB, fenol, clorofórmio, álcool isoamílico, álcool absoluto

Protocolo para isolamento de ADN:

Tomar 0,2gm de cebola, esmagada em 2ml de tampão CTAB.

Levá-lo em microcentrífuga e colocá-lo em banho-maria a 600C durante 20 minutos.

Rodar a 13.000 rpm durante 5 min. a 40C.

Sobrenadante transferido para tubo de microcentrifugação & adicionar igual vol. de fenol:clorofórmio:álcool isoamílico(24:24:1). inverter a mistura 4-5 vezes.

Camada aquosa transferida para tubo separado, adicionar álcool absoluto e mantê-lo a -200C durante a noite, rodar a 13.000 rpm durante 1 minuto.

drenar o etanol e secar o granulado de ADN (Harborne, 1991).

Teste de Difenilamina (DPA):

Amostra com reagente DPA[1gm DPA + 50 ml de ácido acético glacial + 2,5 ml de ácido sulfúrico concentrado]Colocar acima da mistura em banho-maria a ferver durante alguns minutos. A cor azul observada confirma a presença de ADN.

8. Para preparar a curva padrão do RNA

Objectivo: Estimar a concentração de ARN por reacção de orcinol.

Princípio: Esta é uma reacção geral para as pentoses e depende da formação de furfural quando a pentose é aquecida com ácido clorídrico concentrado. O orcinol reage com o furfural na presença de cloreto férrico como catalisador para dar uma cor verde, que pode ser medida a 665 nm.

Requisitos:

1) Solução padrão de RNA - 200µg/ml em ácido perclórico 1 N/soro fisiológico tampão.

2) Orcinol Reagent- Dissolver 0,1g de cloreto férrico em 100 ml de HCl concentrado e adicionar 3,5 ml de 6% p/v de orcinol em álcool.

3) Salina- 0,5 mol/litro de NaCl; citrato de sódio 0,015 mol/litro, pH 7.

Procedimento:

Pipetar 0,0, 0,2, 0,4, 0,6, 0,8 e 1 ml de padrão de trabalho para a série de tubos de ensaio rotulados.

Perfazer o volume até 1 ml em todos os tubos de ensaio. Um tubo com 1 ml de água destilada serve como o branco.

Adicionar agora 2 ml de reagente de orcinol a todos os tubos de ensaio, incluindo os tubos de ensaio com o rótulo "em branco".

Misturar o conteúdo dos tubos por vórtice / agitar os tubos e aquecer num banho de água a ferver durante 20 minutos.

Depois arrefecer o conteúdo e registar a absorvância a 665 nm contra branco.

Depois traçar a curva padrão tomando a concentração de RNA ao longo do eixo X e a absorvância a 665 nm ao longo do eixo Y.

Resultado: A amostra dada desconhecida contém -µ g RNA/ml.

Volume da norma (200 µg/ml) RNA	Volume de água destilada (ml)	Concentratio n de RNA U'g)	Volume de Reagente de orcinol (ml)	Incubar em banho de água a	A665

0.0	1.0	00	2	ferver	0.00
0.2	0.8	40	2	durante 20 Min & Cool	
0.4	0.6	80	2		
0.6	0.4	120	2		
0.8	0.2	160	2		
1.0	0.0	200	2		

Standard curve for RNA estimation by Orcinol reaction

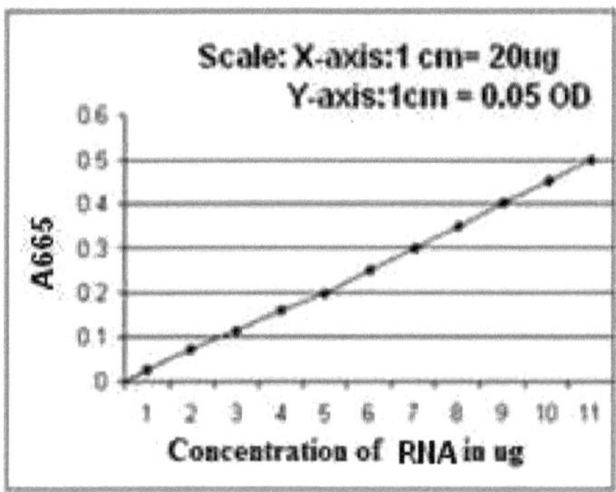

Ref. Web - 15

9. Estimativa de RNA por Reacção de Orcinol

Objectivo: Estimar a concentração de ARN por reacção de orcinol.

Princípio: Esta é uma reacção geral para as pentoses e depende da formação de furfural quando a pentose é aquecida com ácido clorídrico concentrado. O orcinol reage com o furfural na presença de cloreto férrico como catalisador para dar uma cor verde, que pode ser medida a 665 nm.

Requisitos:

1) Solução padrão de RNA - 200μg/ml em ácido perclórico 1 N/soro fisiológico tampão.

2) Orcinol Reagent- Dissolver 0,1g de cloreto férrico em 100 ml de HCl concentrado e adicionar 3,5 ml de 6% p/v de orcinol em álcool.

3) Salina- 0,5 mol/litro de NaCl; citrato de sódio 0,015 mol/litro, pH 7.

Procedimento:

Pipetar 0,0, 0,2, 0,4, 0,6, 0,8 e 1 ml de padrão de trabalho para a série de tubos de ensaio rotulados.

Pipetar 1 ml da amostra dada num outro tubo de ensaio.

Perfazer o volume até 1 ml em todos os tubos de ensaio. Um tubo com 1 ml de água destilada serve como o branco.

Adicionar agora 2 ml de reagente de orcinol a todos os tubos de ensaio, incluindo os tubos de ensaio rotulados como "branco" e "desconhecido".

Misturar o conteúdo dos tubos por vórtice / agitar os tubos e aquecer num banho de água a ferver durante 20 minutos.

Depois arrefecer o conteúdo e registar a absorvância a 665 nm contra branco.

Depois traçar a curva padrão tomando a concentração de RNA ao longo do eixo X e a absorvância a 665 nm ao longo do eixo Y.

A partir desta curva padrão, calcular a concentração de RNA na amostra dada.

Resultado: A amostra dada desconhecida contém -μ g RNA/ml.

Volume da norma (200 µg/ml) RNA	Volume de água destilada (ml)	Concentratio n de RNA U'g)	Volume de Reagente de orcinol (ml)	Incubar em banho de água a ferver durante 20 Min & Cool	A665
0.0	1.0	00	2		0.00
0.2	0.8	40	2		
0.4	0.6	80	2		
0.6	0.4	120	2		
0.8	0.2	160	2		
1.0	0.0	200	2		
1.0 Desconhecido	0.0	A ser estimado	2		

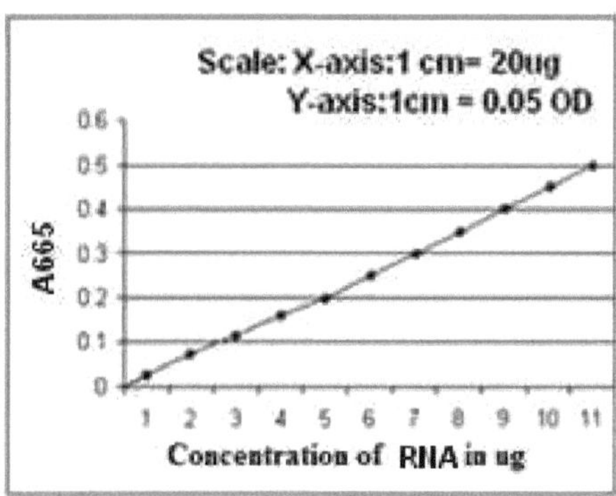

Ref. Web - 15

10. Isolamento do ARN de materiais vegetais e a sua quantificação pelo método espectrofotométrico

Requisitos:

argamassa e pilão, frascos de Dewar adequados para o transporte seguro de azoto líquido, tubos descartáveis (1.5 ml), pipetadores automáticos, pontas descartáveis, luvas de látex, espectrofotómetro UV, cuvetes de quartzo, transiluminador UV, câmara e película Polaroid ou videocâmara com impressora, microcentrífuga de mesa, vortex, centrífuga speed-vac, instalações de electroforese submarina, agarose, tampão TSB (100 mM Tris-HCl contendo 1% SDS e 2% 2-mercaptoetanol, pH 7.5), APC (fenol ácido, pH 4,3:clorofórmio 1:1), clorofórmio para análise, 2-propanol para análise, 70% etanol, 3 M NH' 4 -acetato, 8 M LiCl, 50x TAE (2 M Tris, 1 M ácido acético, 50 mM EDTA), FFM (50% formol, 6% formaldeído, 1xTAE, 0,25% bromofenol), tampão de funcionamento (1x TAE, 2% formaldeído), 10 mg/ml brometo de etídio.

Procedimento:

Colher 5 g de folhas de espinafre e moê-las em N2 líquido num almofariz e pilão pré-resfriado até se obter um pó fino. Não deixar descongelar o tecido. Distribuir 0,5 g de pó em tubos Eppendorf e adicionar 250 µl de tampão TSB e 250 µl de APC. Agitar e vortex até se formar uma emulsão completa. Rodar durante 2 min a 13 000 rpm. Transferir a fase aquosa superior para um novo tubo pré-frio. Adicionar 500 µl de APC, misturar vigorosamente e centrifugar durante 2 min. às 13 000 rpm. Tomar a fase superior, adicionar 500 µl de clorofórmio, misturar, e centrifugar como antes. Utilizar a fase superior. Adicionar 500 µl de 2-propanol e precipitar sobre gelo durante 15 min. Centrifugar durante 10 min. a 13 000 rpm a 4°C. Deve ser visível um granulado branco. Remover o sobrenadante e enxaguar com 500 µl de etanol a 70%. Centrifugar durante 2 min a 13 000 rpm, remover o sobrenadante e secar sob vácuo durante 1-2 min. Dissolver o grânulo em 210 µl de água destilada. Se a suspensão parecer turva, centrifugar a 13 000 rpm durante 5 min a 4°C para remover partículas insolúveis. Remover cuidadosamente o sobrenadante, uma vez que o grânulo pode não ser compacto.

A precipitação LiCl é utilizada para precipitar selectivamente o RNA, removendo ADN e RNAs de baixo peso molecular (tRNA e snRNA). Adicionar 70 µl de 8 M de LiCl e colocar sobre gelo durante 30 min. Centrifugar durante 15 min a 13 000 rpm a 4°C e remover cuidadosamente o sobrenadante (o precipitado pode ser transparente). Lavar o sedimento com 500 µl de etanol a 70% e centrifugar durante 2 min. a 13 000 rpm a 4°C. Remover o sobrenadante e secar por vácuo durante 1-2 min. Dissolver o grânulo em 100 µl de água destilada. O RNA pode ser armazenado a -70°C nesta fase se forem realizadas duas sessões.

Resultado:

11. Indução de poliploidia em pontas de raiz de cebola

Serão utilizados dois grupos de pontas de raiz de cebola, e será realizada uma abóbora cromossómica para visualizar o estado da célula, em termos de mitose. A abóbora cromossómica permite ao investigador observar células e várias fases da mitose sob um microscópio ligeiro.

A colchicina é um composto alcalóide derivado do cormo e de outras partes do Autumn Crocus, *Colchicum autumnale.* A colchicina induz a desmontagem das fibras dos microtubos e assim pára o processo mitótico. É também conhecida como um veneno mitótico. Se utilizada correctamente, pode ser utilizada para parar a mitose "nos seus rastos" para que a morfologia cromossómica possa ser estudada, a contagem cromossómica pode ser feita, ou a indução da poliploidia pode ser executada.

Exigências:

Microscópio, lâmina de microscópio, lâminas de cobertura, lâminas preparadas de mitose da ponta da raiz da cebola, Mancha de Acetocarmina em frasco com gota, Ácido clorídrico 1 M (HCL) em gota, Óculos de relógio, Agulhas de dissecação, Bisturi ou lâminas de barbear, Fórceps, Lâmpada de álcool ou aquecedor de lâminas, Fornecimento de bolbos de cebola Bebidas para deixar brotar cebolas, Solução de Colchine.

Desenho de experiências:

Um grupo de células de raiz de cebola será cultivado num copo com água simples em condições normais (12 horas de ciclo luz/escuro, 75OF, etc.). O segundo grupo de células radiculares será cultivado durante um curto período de tempo numa solução diluída de colchicina.

Método de preparação das lâminas:

1)   Clipar o terminal 1 cm da ponta da raiz de um bulbo de cebola em crescimento e utilizá-lo imediatamente.

2)   Colocar alguns ml de 1 M HCL num vidro de relógio o suficiente para cobrir a ponta da raiz. *(Cuidado! O HCl é cáustico e corrosivo! Manuseie com cuidado, e lave bem com água limpa se conseguir alguma na sua pele ou roupa).*

3)   Neste ácido colocar o terminal de 3 ou 4 mm da raiz de cebola de 1 cm de

comprimento.

4) Dentro de pouco tempo (alguns minutos) a ponta da raiz vai sentir-se suave quando tocada com uma agulha dissecante.

5) Agora, utilizando uma pinça ou uma agulha, pegar na ponta da raiz amolecida e transferi-la para uma gota de mancha de acetocarmina numa lâmina limpa.

6) Usando uma lâmina de barbear ou um bisturi afiado, cortar a ponta da raiz em pedaços minúsculos. Nota: O ferro no bisturi ou a agulha dissecante reage com a mancha de acetocarmina *(Cuidado! A acetocarmina é cáustica e corrosiva! Manuseie com cuidado, e lave bem com água limpa se tiver alguma na sua pele ou roupa. Acetocarmine pode manchar a pele e o vestuário permanentemente)*, para dar uma melhor reacção à mancha.

7) Uma vez concluído este procedimento, aplicar um vidro de cobertura limpo na lâmina e aquecê-la suavemente sobre uma lâmpada de álcool ou um aquecedor de lâminas. **Não ferver!** Depois inverter a lâmina sobre uma toalha de papel e empurrar firmemente para baixo, aplicando pressão com o polegar sobre o vidro da tampa. Isto deve aplanar as células e dispersá-las para que possam ser observadas sob o microscópio.

8) Examinar sob potência inferior (100x) e depois sob potência elevada (430x).

9) Utilize o mesmo procedimento para examinar o seu tratamento e controlar as suas raízes.

10) Conte o número de células que pode identificar em cada fase da mitose. Utilize estes dados para análise estatística, para determinar se existe uma diferença significativa entre as suas amostras de tratamento e de controlo.

11) Para comparação, poderá querer examinar uma lâmina comercialmente preparada de uma ponta de raiz de cebola (disponível com o seu instrutor). Observe o diapositivo usando baixa e alta potência.

Conclusão:

Podemos ver sob a divisão celular do microscópio sem formação de parede celular que pode ser afectada levando ao dobro do número de cromossomas

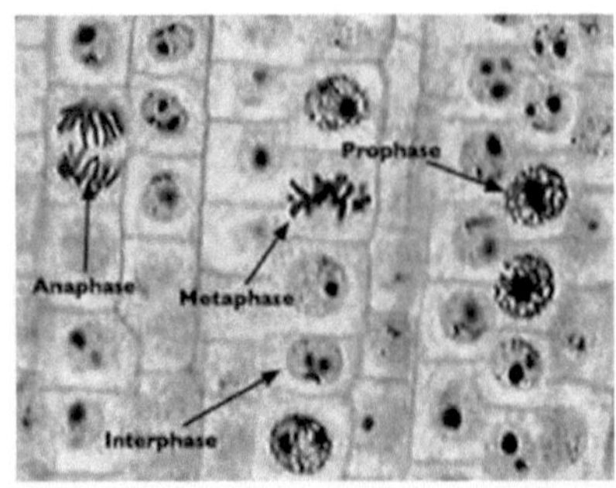

Fig. 21 : A photograph showing polyploidy in cells of Onian root tip.

Ref. Web - 16

12. Estudar as várias fases das divisões celulares (Mitose/Meiose) em células vegetais

[A] Mitose:

Exigências:

Microscópio, lâmina de microscópio, lâminas de cobertura, lâminas preparadas de mitose da ponta da raiz da cebola, Mancha de Acetocarmina em frasco com gota, Ácido clorídrico 1 M (HCL) em frasco com gota, Óculos de relógio, Agulhas de dissecação, Bisturi ou lâminas de barbear, Fórceps, Lâmpada de álcool ou aquecedor de lâminas, Fornecimento de bolbos de cebola Bebidas para deixar brotar cebolas, Solução de Colchine.

Método de preparação das lâminas:

1) Clipar o terminal 1 cm da ponta da raiz de um bolbo de cebola em crescimento e utilizá-lo imediatamente.

2) Colocar alguns ml de 1 M HCL num vidro de relógio o suficiente para cobrir a ponta da raiz. *(Cuidado! O HCl é cáustico e corrosivo! Manuseie com cuidado, e lave bem com água limpa se conseguir alguma na sua pele ou roupa).*

3) Neste ácido colocar o terminal de 3 ou 4 mm da raiz de cebola de 1 cm de comprimento.

4) Dentro de pouco tempo (alguns minutos) a ponta da raiz vai sentir-se suave quando tocada com uma agulha dissecante.

5) Agora, utilizando uma pinça ou uma agulha, pegar na ponta da raiz amolecida e transferi-la para uma gota de mancha de acetocarmina numa lâmina limpa.

6) Usando uma lâmina de barbear ou um bisturi afiado, cortar a ponta da raiz em pedaços minúsculos. Nota: O ferro no bisturi ou a agulha dissecante reage com a mancha de acetocarmina *(Cuidado! A acetocarmina é cáustica e corrosiva! Manuseie com cuidado, e lave bem com água limpa se tiver alguma na sua pele ou roupa. Acetocarmine pode manchar a pele e permanentemente a roupa)*, para dar uma melhor reacção à mancha.

7) Uma vez concluído este procedimento, aplicar um vidro de cobertura limpo na lâmina e aquecê-la suavemente sobre uma lâmpada de álcool ou um aquecedor de lâminas. **Não**

ferver! Depois inverter a lâmina sobre uma toalha de papel e empurrar firmemente para baixo, aplicando pressão com o polegar sobre o vidro da tampa. Isto deve aplanar as células e dispersá-las para que possam ser observadas sob o microscópio.

8) Examinar sob potência inferior (100x) e depois sob potência elevada (430x).

Conclusão:

O slide mostra quase todas as fases da mitose

As fases da mitose activa são indicadas abaixo:

A. Interfase

A interfase é a fase do ciclo celular em que as células passam a maior parte do seu tempo. Uma célula interfásica está ocupada a sofrer as reacções químicas que facilitam a transferência de energia, o crescimento e a preparação para a divisão. A interfase não faz parte da mitose, que é definida como divisão celular activa. Pelo contrário, é a fase viva da célula. Os cromossomas não podem ser claramente vistos, uma vez que se encontram na forma difusa conhecida como cromatina. Os genes dos cromossomas estão a ser activamente transcritos e traduzidos, embora os genes que estão activos dependam da identidade e função da célula individual. As fases conhecidas como G1, S, e G2 ocorrem durante a interfase, e estão envolvidas no crescimento normal das células (G1), síntese de ADN (S), e síntese de proteínas e microtúbulos antes da mitose (G2).

B. Prophase

A prófase é a primeira fase da mitose. Os cromossomas condensam-se e tornam-se visíveis. Embora já se tenham duplicado, os cromossomas ainda não são visíveis como cromatídeos irmãos separados. A membrana nuclear decompõe-se, e as fibras do fuso começam a formar-se em pólos opostos da célula.

C. Metafase

Nesta segunda fase da mitose, os cromossomas duplicados desenrolam-se um do outro, tornando-se visíveis como dois **cromatomas-irmãos** idênticos ligados apenas a uma região ligeiramente apertada, o **centrómero.** Só agora é que os cromossomas assumem a forma de "X", tão frequentemente vista em ilustrações. Mas este "X" representa na realidade não um, mas dois cromossomas: os cromossomas-irmãos idênticos produzidos durante a replicação do ADN. As fibras do fuso ligam-se ao **cinétocoleo**, uma estrutura proteica localizada no centrómero, e os cromossomas estão dispostos ao longo do equador da célula.

D. Anaphase

As fibras do fuso encurtam, os cinetos separam-se, e os cromossomas (cromossomas filhas) são separados e começam a mover-se para pólos opostos.

E. Telophase

Os cromossomas filhas chegam aos postes e as fibras do fuso desaparecem.

Citocinese:

Nas células vegetais, a formação de paredes começa no centro da célula e cresce para fora para ir ao encontro das paredes laterais existentes. A formação da nova parede celular começa com a formação de um simples precursor, chamado placa celular que representa a lamela central entre as paredes de duas células adjacentes. Na altura da divisão citoplasmática, organelas como as mitocôndrias e os plastídeos são distribuídos entre as duas células filhas.

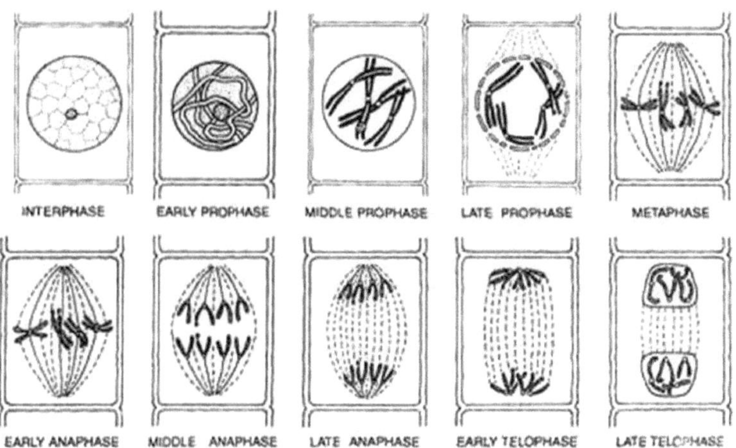

Fig. 22 : Different stages of mitosis in a plant cell.

Ref. Web - 16

[8] Meiose:

O tipo especializado de divisão celular que reduz o número cromossómico para metade resulta na produção de células filhas haplóides. Este tipo de divisão é chamado de meiose.

Requisitos:

Botões de flores, Microscópio, lâmina de microscópio, lâminas preparadas de mitose de ponta de cebola, mancha de Acetocarmina em frasco com gota, ácido clorídrico 0,1 N (HCL) em gota, lâmpada de álcool.

Procedimento:

1) Abrir um botão de flor e retirar cuidadosamente poucos anteródios para a lâmina limpa.

2) Colocar uma gota de HCl 0,1N e aquecer repetidamente sobre a lâmpada de bebida espirituosa cerca de 2-5 segundos.

3) Colocar algumas gotas de acetocarmina e deixar manchar durante 10-15 minutos.

4) Aplicar um vidro de cobertura limpo na lâmina e aquecê-la suavemente sobre uma lâmpada de álcool ou um aquecedor de lâminas. **Não ferver!** Depois inverter a lâmina sobre uma toalha de papel e empurrar firmemente para baixo, aplicando pressão com o polegar sobre o vidro da tampa. Isto deve aplanar as células e dispersá-las para que possam ser observadas sob o microscópio.

5) Examinar sob potência inferior (100x) e depois sob potência elevada (430x).

Observação:

As fases seguintes podem ser vistas em diferentes diapositivos de meiose.

A meiose envolve dois ciclos sequenciais de divisão nuclear e celular chamados meiose I e meiose II, mas apenas um único ciclo de replicação de ADN. A meiose I é iniciada após os cromossomas parentais terem sido replicados para produzir cromatídeos irmãos idênticos na fase S. A meiose envolve o emparelhamento de cromossomas homólogos e a recombinação entre eles. Quatro células haplóides são formadas no final da meiose II. Os eventos meióticos podem ser agrupados sob as seguintes fases:

Meiose I	Meiose II
Profase I	Profase II
Metafase I	Metafase II
Anáfase I	Anáfase II

Telophase I | Telophase II

Meiose I

Profase I: A prófase da primeira divisão meiótica é tipicamente mais longa e complexa quando comparada com a prófase da mitose. Foi ainda subdividida nas seguintes cinco fases baseadas no comportamento cromossómico, ou seja, Leptoteno, Zigóteno, Paquíteno, Diploteno e Diacinesia (Figura 24). Durante a fase de leptóteno, os cromossomas tornam-se gradualmente visíveis sob o microscópio de luz. A compactação dos cromossomas continua durante toda a fase de leptóteno. Segue-se a segunda fase da prófase I chamada zigóteno. Durante esta fase, os cromossomas começam a fazer par e este processo de associação é chamado sinapsis. Estes cromossomas emparelhados são chamados de cromossomas homólogos. Os micrografos electrónicos desta fase indicam que a sinapse dos cromossomas é acompanhada pela formação de uma estrutura complexa chamada complexo sinaptonemal. O complexo formado por um par de cromossomas homólogos sinapsados é chamado de bivalente ou tétrade. No entanto, estes são mais claramente visíveis na fase seguinte. As duas primeiras fases da fase I são relativamente curtas em comparação com a fase seguinte que é paquíteno. Durante esta fase, os cromossomas bivalentes aparecem agora claramente como tetrads. Esta fase é caracterizada pelo aparecimento de nódulos de recombinação, os locais em que ocorre o cruzamento entre cromossomas não irmãs dos cromossomas homólogos. O cruzamento é a troca de material genético entre dois cromossomas homólogos. A travessia é também um processo mediado por enzimas e a enzima envolvida é chamada recombinase. A travessia leva à recombinação do material genético nos dois cromossomas. A recombinação entre cromossomas homólogos é completada no final do paquíteno, deixando os cromossomas ligados nos locais de cruzamento. O início do diplóteno é reconhecido pela dissolução do complexo sinaptonemal e pela tendência dos cromossomas homólogos recombinados dos bivalentes a separarem-se uns dos outros, excepto nos locais de cruzamento. Estas estruturas em forma de X, são chamadas chiasmata. Em oócitos de alguns vertebrados, o diploteno pode durar meses ou anos. A fase final da prófase meiótica I é a diacinesia. Isto é marcado pela terminalização dos quiasmatos. Durante esta fase, os cromossomas são totalmente condensados e o fuso meiótico é montado para preparar os cromossomas homólogos para a separação. No final da diacinese, o nucléolo desaparece e o envelope nuclear também se decompõe. A diacinesia representa a transição para a metáfase.

Metafase I: Os cromossomas bivalentes alinham-se na placa equatorial (Figura 23). Os microtubos dos pólos opostos do fuso fixam-se ao par de cromossomas homólogos.

Anáfase I: Os cromossomas homólogos separam-se, enquanto os cromatídeos irmãos permanecem associados nos seus centrómeros (Figura 23).

Telophase I: A membrana nuclear e o nucléolo reaparecem, segue-se a citocinese e esta é chamada como diad de células (Figura 23). Embora em muitos casos os cromossomas sofram alguma dispersão, eles não atingem o estado extremamente prolongado do núcleo interfásico. A fase entre as duas divisões meióticas é chamada intercinese e é geralmente de curta duração. A intercinese é seguida pela fase II, uma fase muito mais simples do que a fase I.

Meiose II:

Profase II: Meiose II é iniciada imediatamente após a citocinese, geralmente antes dos cromossomas terem sido completamente alongados. Em contraste com a meiose I, a meiose II assemelha-se a uma mitose normal. A membrana nuclear desaparece no final da fase II (Figura 23). Os cromossomas voltam a tornar-se compactos.

Metafase II: Nesta fase, os cromossomas alinham-se no equador e os microtubos de pólos opostos do fuso fixam-se aos cinetos (Figura 23) dos cromatídeos irmãos. **Anáfase II:** Começa com a divisão simultânea do centrómero de cada cromossoma (que mantinha os cromatídeos irmãos juntos), permitindo-lhes moverem-se para pólos opostos da célula (Figura 23).

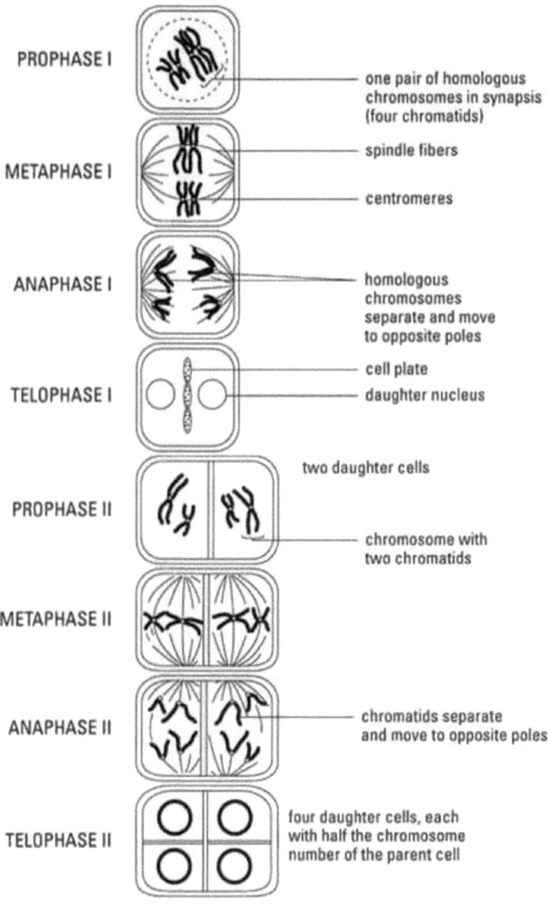

Fig. 23 : Different stages of meiosis in a plant cell.

Ref. Web - 17

Telophase II: A meiose termina com telophase II, em que os dois grupos de cromossomas são novamente encerrados por um envelope nuclear; segue-se a citocinese que resulta na formação de tétrades de células, ou seja, quatro células filhas haplóides.

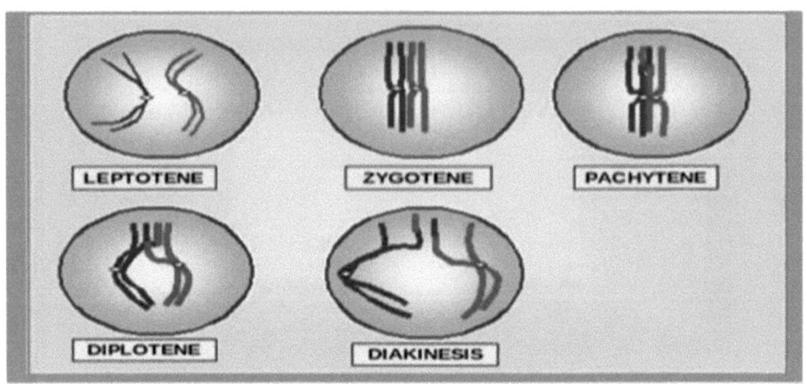

Fig. 24 : Different stages of Prophase-I in a plant cell.

Ref. Web - 18

13. Estudar os modelos/cartas de tecnologias de ADN recombinante

[A] Sequenciação de ADN

A sequência de ADN é o procedimento de encontrar a sequência de bases nucleotídicas (As, Ts, Cs, e Gs) num pedaço de ADN. Hoje em dia, com o equipamento e materiais certos, a sequenciação de um pequeno pedaço de ADN é relativamente directa. A sequenciação de todo um genoma (todo o ADN de um organismo) continua a ser um procedimento completo.

O método de sequenciação de genes de Sanger é também conhecido como método de terminação em cadeia dideoxy. Gera um conjunto aninhado de fragmentos rotulados a partir de uma cadeia de DNA modelo a ser sequenciado através da replicação dessa cadeia de DNA modelo e da interrupção do processo de replicação numa das quatro bases.

Método de sequenciação de Sanger

A amostra de ADN a ser sequenciada é combinada num tubo com primário, DNA polimerase, e DNA nucleótidos (dATP, dTTP, dGTP, e dCTP). Adicionam-se também os quatro nucleótidos tingidos, com terminação em cadeia, mas em quantidades muito menores do que os nucleótidos normais.

A mistura é primeiro aquecida para desnaturar o ADN do modelo (separar os fios), depois arrefecida para que o primário se possa ligar ao modelo de fio único. Uma vez o primário ligado, a temperatura é novamente aumentada, permitindo que a DNA polimerase sintetize o novo ADN a partir do primário. A DNA polimerase continuará a adicionar nucleótidos à cadeia até que aconteça adicionar um nucleótido dideoxídico em vez de um normal. Nesse momento, não podem ser adicionados mais nucleótidos, pelo que o cordão terminará com o nucleótido dideoxídico.

Este processo é repetido em vários ciclos. Quando o ciclo está completo, é virtualmente garantido que um nucleótido de dideóxido terá sido incorporado em cada posição do ADN alvo em pelo menos uma reacção. Ou seja, o tubo conterá fragmentos de diferentes comprimentos, terminando em cada uma das posições do nucleótido no ADN original (ver figura abaixo). As extremidades dos fragmentos serão rotuladas com corantes que indicam o seu nucleótido final.

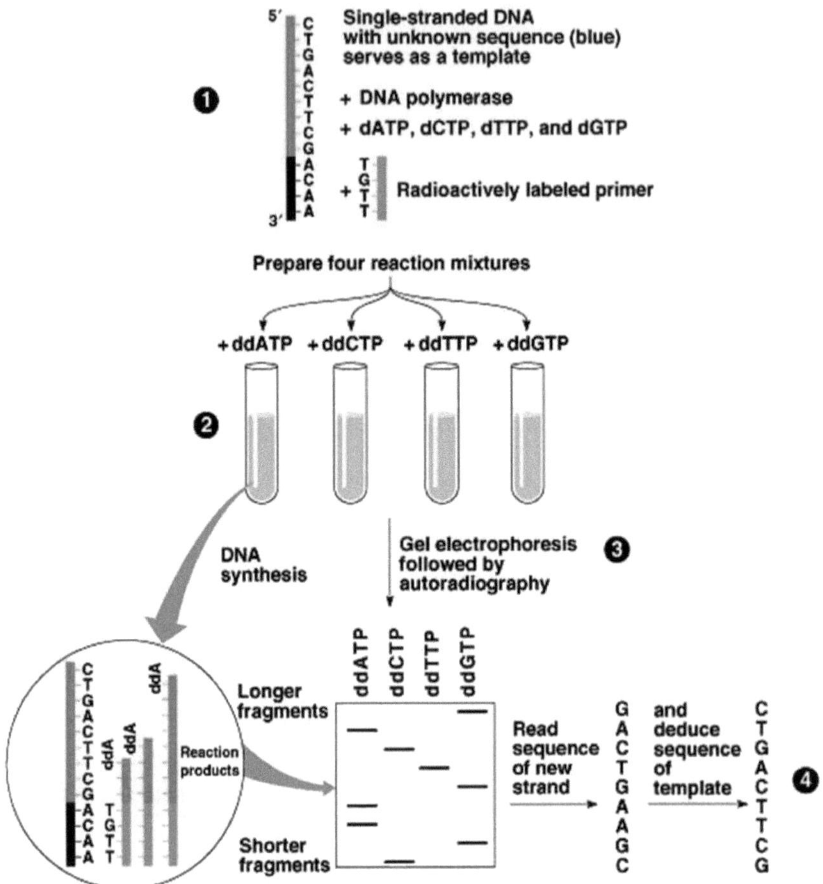

Fig. 25 : DNA sequencing by Sanger sequencing method.

Ref. Web - 19

[B] Impressão digital de ADN

A recolha de impressões digitais de ADN é um método de isolamento e identificação de elementos variáveis dentro da sequência basepair de ADN (ácido desoxirribonucleico). Impressão digital de ADN, também chamada tipagem de ADN, caracterização de ADN, impressão digital genética, genotipagem, ou teste de identidade. A técnica foi desenvolvida em 1984 pelo geneticista britânico Alec Jeffreys.

1. O primeiro passo da recolha de impressões digitais de ADN foi extrair ADN de uma amostra de material humano, geralmente sangue.

2. As 'tesouras' moleculares, chamadas enzimas de restrição?, foram usadas para cortar o ADN. Isto resultou em milhares de pedaços de ADN com uma variedade de comprimentos diferentes.

3. Estes pedaços de ADN foram então separados de acordo com o tamanho por um processo chamado electroforese em gel? O ADN era carregado em poços numa extremidade de um gel poroso, que actuava um pouco como uma peneira. Foi aplicada uma corrente eléctrica que puxava o ADN carregado negativamente através do gel. Os pedaços mais curtos de ADN moviam-se através do gel mais fácil e, portanto, mais rápido. É mais difícil para os pedaços mais longos de ADN moverem-se através do gel, pelo que viajavam mais lentamente. Como resultado, quando a corrente eléctrica foi desligada, os pedaços de ADN já tinham sido separados por ordem de tamanho. As moléculas de ADN mais pequenas estavam mais afastadas do local onde a amostra original foi carregada para o gel.

4. Uma vez o ADN separado, os pedaços de ADN foram transferidos ou 'apagados' do frágil gel para um pedaço robusto de membrana de nylon e depois 'descompactados' para produzir fios únicos de ADN.

5. Em seguida, a membrana de nylon foi incubada com sondas radioactivas. As sondas são pequenos fragmentos de ADN de minissatélite etiquetados com fósforo radioactivo. As sondas só se ligam aos pedaços de ADN a que são complementares? - neste caso ligam-se aos minissatélites do genoma.

6. Os minissatélites a que as sondas se ligaram foram então visualizados expondo a membrana de nylon ao filme de raios X. Quando expostas à radioactividade, um padrão de mais de 30 bandas escuras apareceu no filme onde se encontrava o ADN rotulado. Este padrão era a impressão digital do ADN. Para comparar duas ou mais impressões digitais de ADN diferentes, as diferentes amostras de ADN foram analisadas lado a lado no mesmo gel de electroforese.

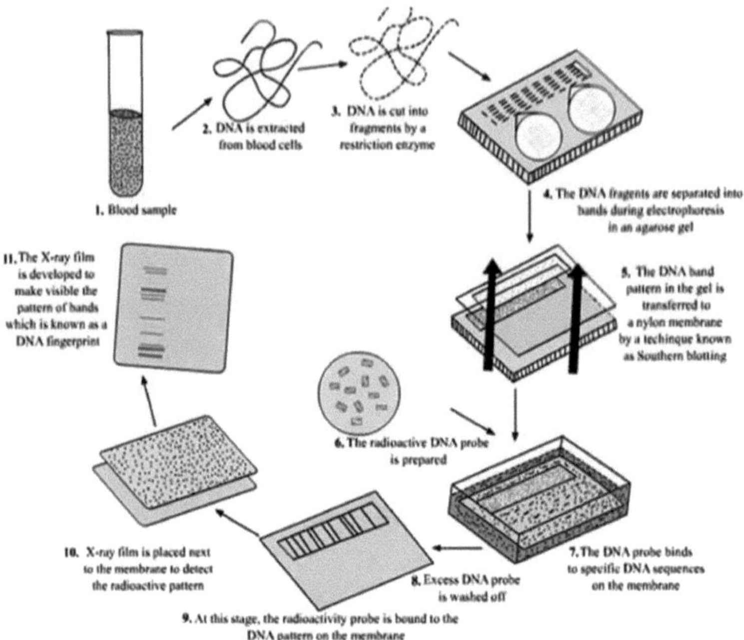

Fig. 26 :   Method of DNA fingerprinting.

Ref. Web - 20

[C] A reacção em cadeia da polimerase

A reacção em cadeia da polimerase (PCR) é um sistema de tubos de ensaio para replicação de ADN, que permite que uma sequência de ADN "alvo" seja amplificada selectivamente vários milhões de dobras em apenas algumas horas. A PCR atinge a amplificação de um fragmento pré-determinado de ADN, (o alvo; que pode ser, por exemplo, de 100 - 1000 bp de comprimento)

A PCR consiste numa série de 20-40 mudanças de temperatura repetidas, chamadas ciclos, sendo cada ciclo geralmente composto por 2-3 passos de temperatura discretos. O ciclo é frequentemente conduzido por um único passo de temperatura a uma temperatura elevada (>90 °C), e prosseguido por um único passo no resto da extensão do produto final ou breve armazenamento. As temperaturas utilizadas e a duração do tempo que são utilizadas em cada ciclo dependem de uma mistura de parâmetros. Estes incluem a enzima utilizada na síntese do ADN, a concentração de iões divalentes e dNTPs na resposta, e a temperatura de funcionamento (Tm) das camadas planas.

1)   **Etapa de iniciação** (apenas necessária para polimerases de ADN que requerem activação de calor por PCR de arranque a quente): Esta etapa consiste em aquecer a reacção a uma temperatura de 94-96 °C (ou 98 °C se forem utilizadas polimerases extremamente termoestáveis), a qual é mantida durante 1-9 minutos.

2)   **Degrau de desnaturação:** Esta etapa é o primeiro evento ciclístico regular e consiste em aquecer a reacção a 94-98 °C durante 20-30 minutos. Provoca o derretimento do ADN do modelo de ADN, perturbando as ligações de hidrogénio entre bases complementares, produzindo moléculas de ADN de cadeia única.

3)   **Passo de recozimento**: A temperatura de reacção é reduzida para 50-65 °C durante 20-40 segundos, permitindo o recozimento dos iniciadores ao modelo de ADN de fio único.

4)   **Etapa de extensão/elongamento:** A temperatura a esta medida depende da DNA polimerase utilizada; a Taq polimerase tem a sua actividade óptima, a temperatura a 75-80 °C e normalmente uma temperatura de 72 °C é utilizada por esta enzima. Nesta etapa, a DNA polimerase sintetiza uma nova fita de ADN complementar à fita de ADN modelo, adicionando dNTPs que são complementares ao modelo na direcção de 5' a 3', condensando o grupo 5'-fosfato dos dNTPs com o grupo 3'-hidroxilo no final da fita de ADN nascente (que se estende). O tempo de extensão depende tanto da polimerase de ADN utilizada como do comprimento do fragmento de ADN a amplificar.

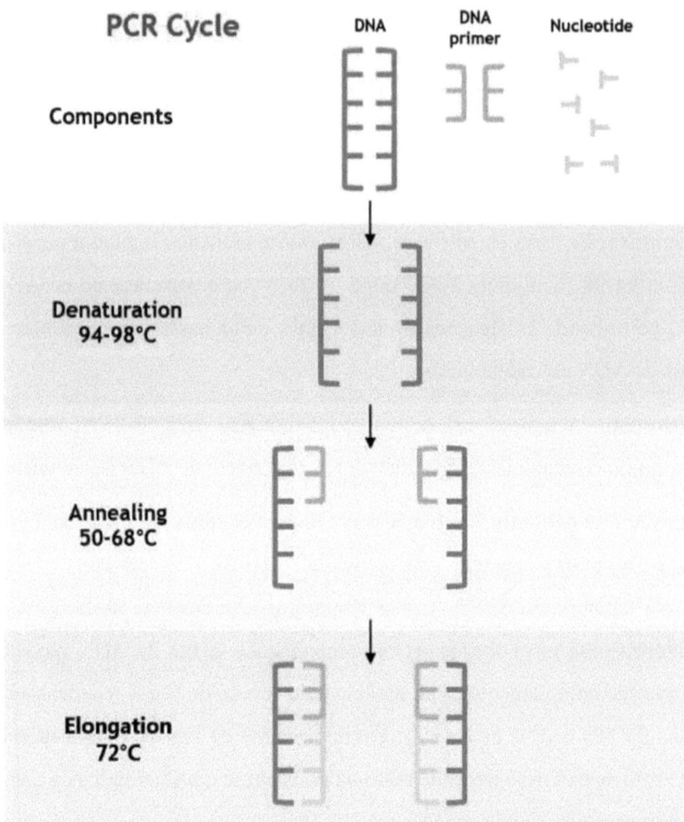

Fig. 27 : Mechanism of Polymerase Chain Reaction.

Ref. Web - 21

[D] Tecnologia Genética Terminada

Terminator", oficialmente designado Sistema de Protecção Tecnológica (TPS), incorpora uma característica que mata embriões de plantas em desenvolvimento, pelo que as sementes não podem ser salvas e replantadas nos anos seguintes.

O Sistema de Protecção Tecnológica (TPS) insere meia dúzia de sequências no ADN da planta-mãe que está previsto proteger. Estas sequências de ADN são dispostas num sistema que mata sementes num momento pré-determinado do seu desenvolvimento. O sistema pode ser deixado inactivo enquanto a empresa de sementes cultiva várias gerações de sementes para venda. O sistema é activado mergulhando as sementes num químico especial antes de as sementes serem entregues ao agricultor para plantação.

O químico especial desencadeia uma lenta cascata de eventos que levam eventualmente à morte de sementes de descendência desenvolvidas na planta protegida. Com o objectivo de evitar a replantação, as sementes da descendência só devem ser mortas depois de terem completado a produção de todos os produtos comercialmente valiosos suah como óleo. Por conseguinte, o sistema foi concebido para ter efeito apenas após a cultura ter atingido a maturidade no campo e as sementes da descendência estarem quase maduras.

Muitas combinações de genes estrangeiros podem ser utilizadas, pelo que a lista de todos os genes possíveis é bastante longa. Cientistas do Serviço de Investigação Agrícola, uma subunidade do Departamento de Agricultura dos EUA (USDA-ARS), e Delta e Pine Land Company, uma empresa que desenvolve cultivares de algodão, desenvolveram conjuntamente o sistema. Portanto, apenas a próxima geração seria morta quando a planta transgénica estivesse armada com o gene terminador. Três componentes genéticos engendrados são introduzidos no ADN das plantas.

O processo global é resumido nas seguintes etapas:

(1) Um gene toxínico ou mortal (RIP) controlado por um promotor específico da semente (LEA).

(2) Um gene repressor controlado por um promotor constitutivo.

(3) Um gene recombinase controlado por um promotor-reprimido pela proteína repressora, que pode ser deprimida pela tetraciclina.

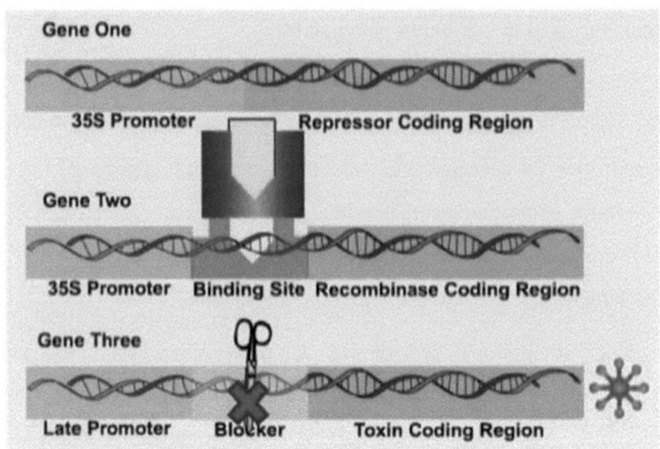

Fig. 28 : Terminated gene technology.

Ref. Web - 22

[E] Hibridoma e a produção de anticorpos monoclonais

Os anticorpos monoclonais podem ser produzidos em células especializadas através de uma técnica agora popularmente conhecida como tecnologia de hibridoma. Esta tecnologia foi descoberta em 1975 por dois cientistas, Georges Kohler da Alemanha Ocidental e Cesal Milstein da Argentina.

O termo hibridoma é aplicado às células fundidas resultantes da fusão de dois tipos de células seguintes: (i) célula linfocitária produtora de anticorpos (por exemplo, uma célula do baço de rato imunizada com glóbulos vermelhos de ovelhas), e (ii) uma única célula do mieloma (célula do tumor da medula óssea) que é capaz de se multiplicar indefinidamente.

Estas células híbridas fundidas ou hibridoma têm a capacidade de produção de anticorpos herdada dos linfócitos e têm a capacidade de crescer continuamente como células cancerosas malignas.

Os passos seguintes estão envolvidos na produção de anticorpos monoclonais utilizando a tecnologia dos hibridomas:

(i)   Imunizar um coelho através da injecção repetida de um antigénio específico para a produção de anticorpos específicos, facilitado devido à proliferação das células B desejadas.

(ii)   Produzir tumores num rato ou num coelho.

(iii)   A partir dos dois tipos de animais acima referidos, cultivar separadamente células do baço (as células do baço são ricas em células B e células T) que produzem anticorpos específicos e células do mieloma que produzem tumores (a linha celular do mieloma utilizado, é invulgar de duas maneiras; deixou de sintetizar anticorpos e é um mutante chamado HGPRT-, que não consegue sintetizar a enzima **hipoxantina-guanina fosfo-ribosil transferase** ou **HGPRT**).

(iv)   Induzir a fusão de células do baço a células do mieloma, utilizando **polietilenoglicol (PEG)**, para produzir o hibridoma; as células híbridas são cultivadas em meio de **timidina (HAT) hipoxantina aminopterina** selectiva. O meio HAT contém uma droga aminopterina, que bloqueia uma via de síntese de nucleótidos, tornando as células dependentes de outra via que necessita da enzima HGPRT ausente nas células do mieloma múltiplo. Portanto, as células mielomatosas que não se fundem com células B morrerão, uma vez que são HGPRT⁻ . As células B que não se fundem também morrerão por falta de propriedade tumorigénica de crescimento imortal. Portanto, o meio HAT permite a selecção de células de hibridoma, que herdam o gene HGPRT das células B e a propriedade tumorigénica das células do mieloma múltiplo.

(v)   Seleccionar o hibridoma desejado para clonagem e produção de anticorpos; isto é facilitado pela preparação de colónias de células únicas que irão crescer e podem ser utilizadas para o rastreio de hibridomas produtores de anticorpos; apenas um em cada várias centenas de híbridos celulares irá produzir anticorpos da especificidade desejada.

(vi)   Células de hibridoma seleccionadas para a produção de anticorpos monoclonais em grande quantidade; estas células de hibridoma podem ser congeladas para utilização futura e podem também ser injectadas no corpo do animal para que os anticorpos sejam produzidos no corpo e possam ser recuperados posteriormente a partir do fluido corporal.

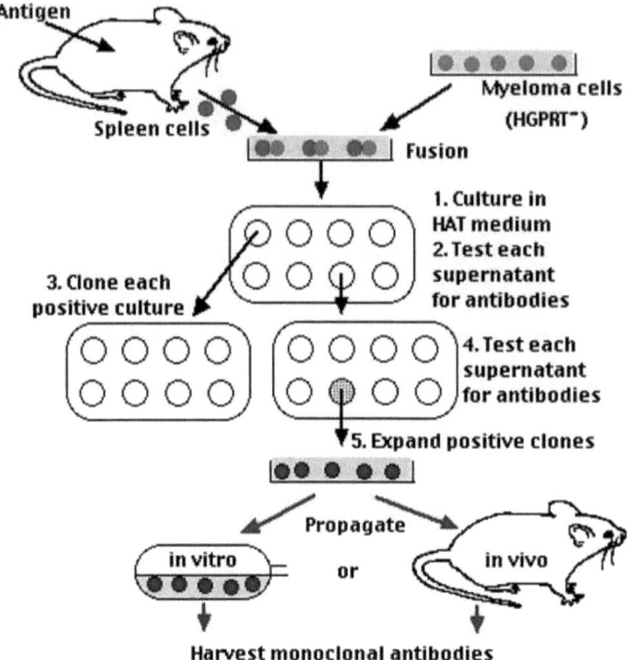

Fig. 29 : Hybridoma technology; Production of monoclonal antibodies.

Ref. Web - 23

14. Cultura budista

As pontas de rebento e meristema excisado podem ser cultivadas assepticamente em meio nutriente simples solidificado com ágar ou em pontes de papel mergulhadas em meio líquido e sob as condições apropriadas crescerão directamente para um pequeno rebento folhoso ou múltiplos rebentos.

Protocolo:

1) Retirar os galhos jovens de uma planta saudável. Cortar a porção da ponta (1 cm) do galho.

2) Esterilizar à superfície os apices de rebentos por incubação numa solução de hipoclorito de sódio (1% de cloro disponível) durante 10 minutos. As antigas plantas são enxaguadas 4 vezes em água destilada estéril.

3) Transferir cada explante para uma placa de Petri esterilizada.

4) Remover as folhas exteriores de cada apice de rebento com um par de fórceps de jeweler. Isto diminui a possibilidade de cortar nos tecidos subjacentes mais macios.

5) Após a remoção de todas as folhas exteriores, o ápice é exposto. Cortar o ápice final com a ajuda de bisturi e transferir apenas aqueles com menos de 1 mm de comprimento para a superfície do meio de ágar ou para a superfície da ponte filtro-papel. Incendiar o colo do tubo de cultura antes e depois da transferência das pontas excisadas. O microscópio de dissecação binocular pode ser utilizado para cortar perfeitamente o meristema verdadeiro ou a ponta de rebento.

6) Incubar a cultura sob 16hrs de luz a 25°C.

7) Assim que o rebento de folha única ou múltiplos rebentos obtidos de uma única ponta de rebento ou meristema, desenvolver raízes, transferi-las para um meio livre de hormonas.

8) As plantas formadas por esta via são posteriormente transferidas para vasos contendo composto e mantidas em condições de estufa

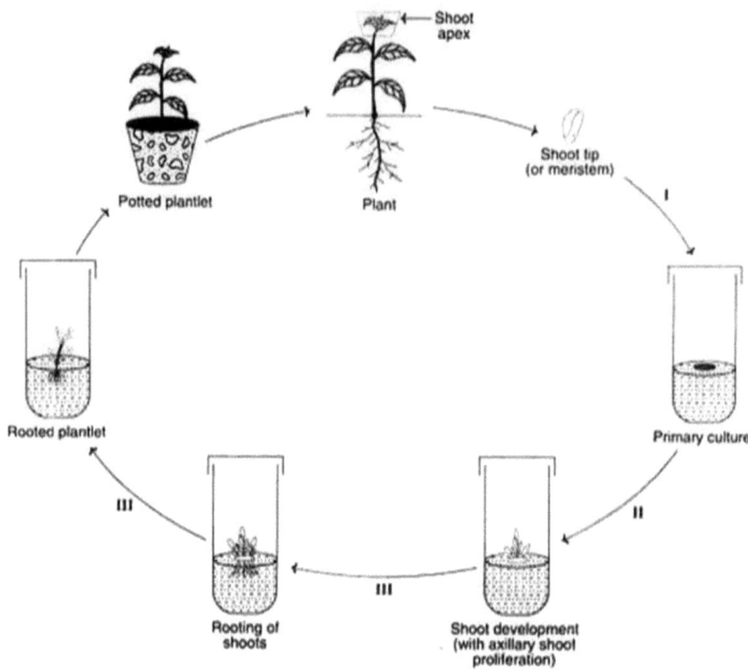

Fig. 30 : Schematic representation of Bud culture.

Ref. Web - 24

15. Cultura de embriões

O embrião de diferentes fases de desenvolvimento, formado dentro do gametófito feminino através do processo sexual, pode ser isolado assepticamente do grosso dos tecidos maternos do óvulo, semente ou cápsula e cultivado *in vitro* sob condições físicas assépticas e controladas em frascos de vidro contendo nutrientes sólidos ou líquidos para crescer directamente em plântulas.

Protocolo para a Cultura Embrionária:

O seguinte protocolo para a cultura de embriões (Fig 31) baseia-se no método utilizado para Capsella bursapastoris.

1)   As cápsulas nas fases de desenvolvimento desejadas são esterilizadas à superfície durante 5-10 minutos em 0,1% HgCl2, quer numa pequena sala fechada previamente iluminada por lâmpadas UV, quer num fluxo de ar Laminar.

2)   Lavar repetidamente em água esterilizada.

3)   Outras operações são realizadas sob um microscópio de dissecação especialmente concebido para o efeito com uma ampliação de cerca de 90X. As cápsulas são mantidas numa lâmina de depressão contendo poucas gotas de meio líquido.

4)   A parede exterior da cápsula é removida por um corte na região da placenta; as metades são afastadas com fórceps para expor os óvulos.

5)   Uma pequena incisão no óvulo seguida de uma ligeira pressão com uma agulha romba é suficiente para libertar os embriões.

6)   Os embriões excisados são transferidos por micro-pipetas ou pequena colher de espátula com cabeça para petridões padrão de 10 cm contendo 25 ml de meio padrão solidificado. Normalmente, 6-8 embriões são cultivados num petridish.

7)   Os petridishes são selados com fita de violoncelo para evitar a dessecação da cultura.

8)   As culturas são mantidas numa sala de cultura a 25 ± 1° C e recebem 16 horas de iluminação por tubo fluorescente branco frio.

9)   As subculturas em meio fresco são feitas a intervalos de aproximadamente quatro semanas.

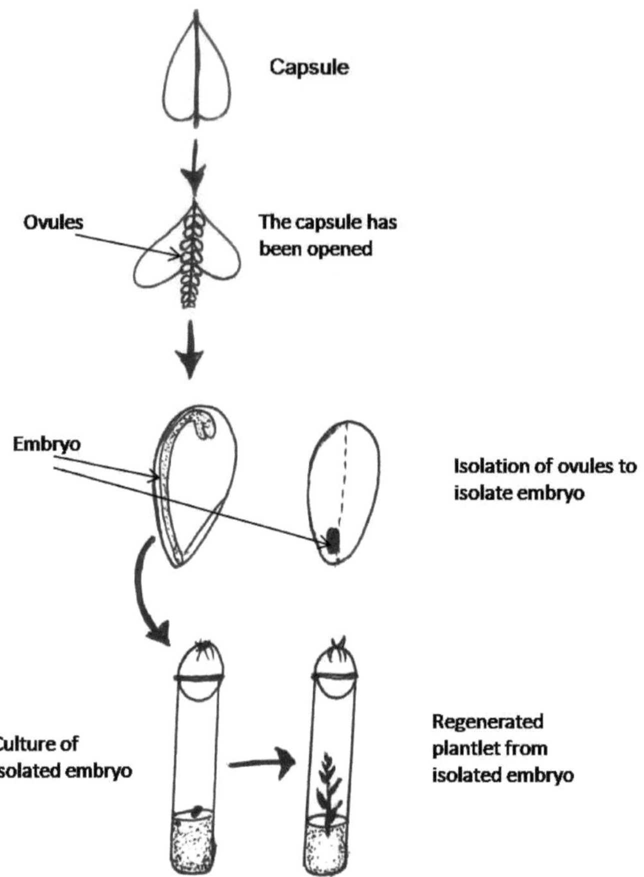

Fig. 31 : Schematic representation of Embryo culture.

16. Cultura do pólen

A cultura do pólen é uma técnica *in vitro* através da qual os grãos de pólen de preferência na fase não-inucleada são cultivados em meio nutriente onde os micrósporos, sem produzir gâmetas masculinos, se desenvolvem em embriões haplóides ou tecido calo que dão origem a plântulas haplóides por embriogénese ou organogénese.

1)   A selecção do botão floral não aberto adequado, a esterilização, a excisão de antera sem filamento são os mesmos que os descritos anteriormente na cultura de antera.

2)   Cerca de 50 anteras são colocadas num pequeno copo esterilizado contendo 20 ml de meio líquido basal (MS ou Branco ou Nitsch e Nitsch).

3)   As anteras são então pressionadas contra o lado do copo com o pistão de vidro esterilizado de uma seringa para espremer os pólenes

4)   As anteras homogeneizadas são então filtradas através de uma peneira de nylon (diâmetro dos poros 40μ- 60μ) para remover os resíduos de tecido de anteras.

5)   O filtrado ou suspensão de pólen é então centrifugado a baixa velocidade (500-800 revolução por minuto) durante 5 minutos. O sobrenadante contendo resíduos finos é deitado fora e o pellet de pólen é suspenso em meio líquido fresco e lavado duas vezes por centrifugação e ressuspensão repetidas em meio líquido fresco.

6)   Os pólenes são finalmente misturados com o volume medido do meio líquido basal, de modo a fazer a densidade de $103\text{-}10^4$ pólenes/ml.

7)   2,5 ml de suspensão de pólens são pipetados e espalhados em Petridish de 5 cm. Os pólenes são melhor cultivados em meio líquido mas, se necessário, podem ser cultivados por banho em meio de adição de ágar muito macio. Cada prato é selado com fita adesiva de violoncelo para evitar a desidratação.

8)   Os petridos são incubados a 27-30° C sob baixa intensidade de luz branca fria (500 lux, 16 hrs.).

9)   Os embriões jovens podem ser observados após 30 dias. Os embriões acabam por dar origem a plântulas haplóides.

10)   As plantas Haploid são então incubadas a 27- 50°C num regime de 16 horas de luz diurna a cerca de 2,000 lux. As plântulas na maturidade são transferidas para o solo.

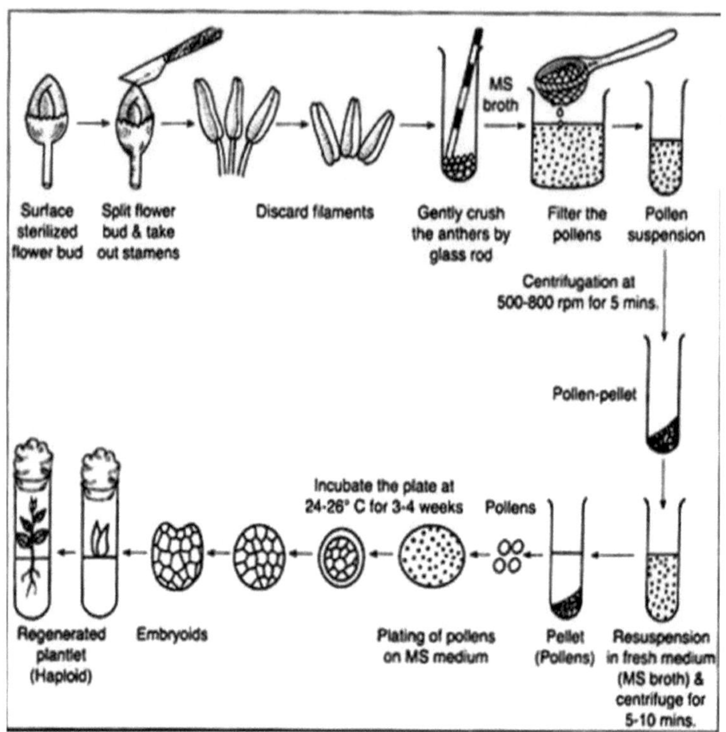

Fig. 32 : Schematic representation of Pollen culture.

Ref. Web - 25

17. Referências

Claros, M. G., & Canovas, F. M. (1999). Isolamento do ARN dos tecidos vegetais: uma experiência prática para licenciados biológicos. *Educação Bioquímica, 27*(2), 110-113.

Chawla H S (2002) Introduction to Plant Biotechnology, Oxford & IBH Publishing Co. Pvt. Ltd., Nova Deli (2ª Edição).

Harborne J.B.; 1991. Métodos fitoquímicos. Nova Iorque: Chapman & Hall.

Gupta P K (2005) Genetics, Prentice-Hall of India Pvt Ltd., Nova Deli (3ª Edição-EEE).

Verma P S e Agarwal (2006) Cell Biology, Genetics, Molecular Biology, Evolution and Ecology. S Chand & Company Ltd., Nova Deli (1ª Edição Multicolor-Reprint).

Referências da Web:

Web-1 https://sites.google.com/site/imlovingmygenes/dna-structure

Web-2   http://www.biologydiscussion.com/dna/deoxyribonucleic-acid-dna-a-close-view/37013

Web-3   http://ib.bioninja.com.au/standard-level/topic-2-molecular-biology/26-structure-of-dna- and-rna/types-of-rna.html

Web- 4 https://www.mun.ca/biology/scarr/iGen3 03-01.html

Web- 5

https://www.google.co.in/search?biw=1024&bih=531&tbm=isch&sa=1&ei=O9akW4zoJNj 6rQ

Hor4TQDg&q=rolling+circulo+mecanismo+de+dna+replicação&oq=rolldna+replicação&g s   l=i mg.1.2.0i7i30k1l6.39281.40736.0.43721.4.4.0.0.0.0.264.876.0j1j3.4.0....0...1c.1.64.img..0.4 .874. ...0.0.ulaj nssZM4#imgrc=77jFdxGB627RIM:

Web-6 https://sk.wikipedia.org/wiki/Okazakiho fragmento

Web- 7 http://www.accessexcellence.org/RC/VL/GG/central.html

Web- 8 https://www.slideshare.net/mprasadnaidu/ecoli-rna-polymerase

Web-9 http://www.biologydiscussion.com/genetics/genetic-code/the-genetic-code-meaningpropriedades-e-natureza/51045

Web-10 http://utminers.utep.edu/rwebb/html/what é uma mutação .html

Web-11   https://biology.stackexchange.com/questions/30396/what-is-the-explanation-for-the- menor número de trna do que de codões

Web- 12 http://www.accessexcellence.org/RC/VL/GG/overlapping.html

Web- 13

https://biocyclopedia.com/index/biotechnology/genes   genetic   engineering/genes   nature concep t e synthesis/biotech split gene.php

Web- 14

https://hbmahesh.weebly.com/uploads/3/4/2/2/3422804/dna estimativa pelo método dpa.pdf

Web- 15

https://hbmahesh.weebly.com/uploads/3/4/2/2/3422804/estimation   da   reacção   rna   por orcinol. pdf

Web- 16 http://www.bio.miami.edu/dana/151/gofigure/151F12 mitosis.pdf

Web-   17   https://www.cliffsnotes.com/study-guides/biology/plant-biology/cell-division/sexual- reprodução-meiose

Web- 18 http://www.qsstudy.com/biology/diakinesis-stage-meiosis-plants

Web- 19 http://www.bio.utexas.edu/faculty/sjasper/bio212/biotech2.html

Web- 20

https://www.google.co.in/search?q=dna+fingerprinting&source=lnms&tbm=isch&sa=X&ved=0   ahUKEwiI1avvv2v3cAhUYbo8KHT2sD0kQ AUICigB&biw=1024&bih=536#imgdii=cMKKSx   6Bo-dG7M: &imgrc=0ARukDTOpDMvaM:

Web-21 https://www.generon.co.uk/buy/cat-conventional-pcr-3473.html

Web-22 http://cls.casa.colostate.edu/transgeniccrops/terminator.html

Web-23 https://www.flickr.com/photos/35882170@N04/3320441102

Web-   24   http://www.biologydiscussion.com/organ-culture/shoot-tip-culture/shoot-tip-culture-significado-princípio-protocolo-e-importância-planta-planta-planta-cultura-texto/14583

Web- 25 http://www.biologydiscussion.com/plant-tissues/pollen-culture/pollen-culture-meaning- and-advantages-biotechnology/61368

Printed by Books on Demand GmbH, Norderstedt / Germany